人防综合体开发利用研究

杨 毅　黄 杉　蔡庚洋　徐逸程　著

DEVELOPMENT UTILIZATION
RESEARCH OF COMPLEX
BUILDINGS OF
CIVIL AIR DEFENCE

U0299628

中国建筑工业出版社

前言

　　"平衡建筑"追求在建筑创作中践行平衡的建筑之道，其思想基础源于传统哲学"知行合一"的思辨。建筑从设计到落成的过程，正是建筑从虚拟走向现实的过程。"三相合一"是平衡建筑的核心总纲，即情理合一、技艺合一、形质合一；"人本为先、动态变化、多元包容、整体连贯、持续生态"是平衡建筑的五大价值特质。本书论述了人防综合体的建设如何与城市建设相融合，深化"情理合一"；将大数据、信息化、智慧化、BIM、装配式建筑等新技术运用到人防综合体的建设中，强化"技艺合一"；提出了人防综合体平时、灾时、战时的融合以及人防综合体的十大场景如何落位，细化"形质合一"。以"三相合一"为统领，本书在对人防综合体的研究中，充分体现人民防空"平时服务、灾时应急、战时防空"的职能使命，突出"人本为先"的思想；在人防综合体的类型中，提出了单体式和多体连通式两大类人防综合体，进行"动态变化"的实践；在人防综合体的功能构成上，体现六大必要条件和其他选配条件结合的要求，落实"多元包容"的主旨；通过防护片区内人防综合体和其他人防工程的互连互通，以及人防综合体之间的互连互通，形成"整体连贯"的体系；并结合海绵城市、绿色建筑等技术，践行"持续生态"的理念。最终，将人防综合体的规划与建设扎根于平衡建筑的价值特质中，将人防综合体深度融入整个经济社会发展大局，让人防更好地服务于经济社会发展，在人防技术领域拓展了平衡建筑的深度与边界。

　　人防综合体研究主要将人防综合体建设融入城市建设，解决人防综合体如何与城市发展统筹规划、联合开发并同步建设的问题。同时把人防工作深度融入整个经济社会发展大局，在战时最大限度地为民众提供安全防护功能，为重要经济目标提供更高需求的防护，让人防更好地服务于经济社会发展。研究明确了防护片区融合式人防综合体的概念和体系。明确防护片区概念为防空区内部的片区，一般与街道（乡镇）相对应，由一个或若干个防空单元组成，每个防空单元由城市控制性详细规划管理单元中的若干个街区组成；明确人防综合体概念为以城市综合体为基础，将商业、城市交通、市政设施等地下综合体功能有机结合，且与战时多种人防功能融合集成建设，并具有一定等级人防规模要求的大型公共地下空间设施。研究建立了以人防综合体为点，以通道廊道为线、以防护片区为面的"点—线—面"体系，通过以点带面、串线成网的方式，以人防综合体带动整个防护片区的人防工程建设发展。此外，研究还提出了人防综合体与国土空间规划融合的策略，建立了人防综合体产业化的"三时十场景"体系，强化了人防综合体设计建设中的技术创新手段，并形成了人防综合体规划设计管理标准体系。

本书在人防综合体研究上形成了一套完整的理论体系，对人防综合体在全省范围内开展指导实践极具现实意义，有助于人民防空事业更好地服务经济社会发展。

目录

第1章　防护片区融合式人防综合体研究背景和现状

1.1 研究背景

习近平总书记在第七次全国人民防空会议上深刻指出，人民防空是国之大事，是国家战略，是长期战略。要坚持人民防空为人民，铸就坚不可摧的护民之盾。要提升履行使命任务能力，提高防空袭斗争能力，有效履行战时防空、平时服务、应急支援职能使命。要转变人防建设发展方式，树立和落实新发展理念，深化改革，推进军民融合，努力实现更好质量、更高效益、更可持续的发展。李克强出席会议并指出，人民防空是国防的重要组成部分，是经济社会发展的重要方面。要按照"五位一体"总体布局和"四个全面"战略布局，牢固树立和贯彻落实新发展理念，加快转变人民防空发展方式，深入实施军民融合发展战略，坚持人防建设与经济社会发展相协调，不断提高战备效益、社会效益和经济效益 [1]。

2021 年 7 月 31 日，习近平在中共中央政治局第三十二次集体学习时强调，实现建军一百年奋斗目标，是我军的责任，也是全党全国的责任。中央和国家机关、地方各级党委和政府要强化国防观念，贯彻改革要求，履行好国防建设领域应尽职责。要在经济社会发展布局中充分考虑军事布局需求，在重大基础设施建设中刚性落实国防要求，在战备训练重大工程建设等方面给予有力支持。推进实现建军一百年奋斗目标，是关系我军建设全局的一场深刻变革。要加强创新突破，转变发展理念、创新发展模式、增强发展动能，确保高质量发展。要推进高水平科技自立自强，加快关键核心技术攻关，加快战略性、前沿性、颠覆性技术发展，发挥科技创新对我军建设战略支撑作用。要适应世界军事发展趋势和我军战略能力发展需求，坚持不懈把国防和军队

[1] 王经国，张宝印. 第七次全国人民防空会议举行 习近平会见与会代表 李克强讲话 [EB/OL]. (2016-05-13). http://www.gov.cn/xinwen/2016-05/13/content_5073190.htm.

改革向纵深推进。要抓住战略管理这个重点，推进军事管理革命，提高军事系统运行效能和国防资源使用效益。要加强战略谋划，创新思路举措，推动军事人员能力素质、结构布局、开发管理全面转型升级，加快壮大人才队伍[2]。

　　一个城市的重要行政、办公、商业、经济功能，往往以综合体的形式进行规划建设，无论平时和战时，都具有举足轻重的地位和不可忽视的重大作用。城市综合体的人防工程建设，直接关系到国家支撑战争的能力，直接关系到经济社会的正常运转，直接关系到国家的民心士气和抵抗意志，是人民防空的防护重点[3]。防护片区融合式人防综合体的概念引入，既是在城市综合体等重大工程建设中充分考虑军事布局需求，也是对国防资源在军民融合中的高效利用。在人防综合体中如何落实战时防空、平时服务、应急支撑等职能使命，是本研究要解决的核心问题之一。

1.1.1　城市地下空间开发利用及地下综合体建设的规律

　　城市地下空间开发利用作为提高城市建筑容量、缓解交通、改善环境的重要手段，正在成为建设资源节约型、环境友好型城市的重要途径[4]。随着城市集约化程度的不断提高，单一功能的单体公共建筑已逐渐向多功能的综合体发展。城市地下综合体是随着城市立体化再开发建设沿三维空间发展的，地面、地下连通的，综合商业、交通、文娱、市政公用设施等多功能大型公共地下工程[5]。其功能重叠、空间整合、设施综合，与城市发展统筹规划、联合开发并同步建设[6]。另外，《中华人民共和国人民防空法》和我国人防工程有关技术法规要求城市地下空间建设须兼顾人民防空的需要[7]。

[2] 坚定决心意志 埋头苦干实干 确保如期实现建军一百年奋斗目标 [N]. 人民日报,2021-08-01(001).

[3] 邢正军. 更新理念 多措并举 推动城市重要经济目标防护建设试点研究 [J]. 中国人民防空,2020(4):35-37.

[4] 梁颖元. 大型融合式人防综合体防护研究 [J]. 地下工程与隧道,2014(3):4-6.

[5] 杜显杰. 地下综合体的平战结合设计研究 [D]. 南京：东南大学,2015.

[6] 张红梅. 浅谈城市地下空间开发的重要意义 [J]. 科技风,2008(3):61.

[7] 中华人民共和国人民防空法 [J]. 中华人民共和国国务院公报,1996(32):1286-1292.

1.1.2　现代战争的特点及人防工程建设现状

随着信息化条件下作战武器、战争形式的变化和城市地下空间开发利用的进展，现行人防工程技术要求、设计标准中的某些规定，已在一定程度上制约了人防工程建设与城市地下空间开发的融合发展[8]。因此，要解决这些问题，适应和满足城市大型地下空间开发建设需要，促进人防工程建设与城市地下空间开发融合发展，必须加强人防综合体的防护研究。尤其是加大对人防综合体的平时与战时功能融合式建设技术要求、防护体系构成、防护要求和防护标准等的研究力度，力求合理、有效地利用大型地下综合体这个重要的防空防灾资源，实现其战时防空、平时防灾功能的综合利用效益最大化。

1.1.3　政府对提高城市整体防护能力的决心

近年来，政府高度重视人防工程与城市地下空间集中联建、互连互通、连片成网，在军地双重管理的背景下，本研究具有很强的必要性。《浙江省人民防空事业发展"十四五"规划》提出"高水平建设人员防护体系，提升城市综合防护能力。坚持战备优先、规划领建、依法结建，构建布局均衡、功能配套、互连互通、连片成网、平战结合的人员防护体系，铸就坚不可摧的护民之盾"。浙江省委常委、秘书长陈奕君调研杭州市人防工作时强调：要把优化布局、调整结构、加强监管作为人防工程提质增量的重要途径，推进人防综合体建设，使人防工程与城市地下空间集中联建、互连互通、连片成网[9][10]。杭州市市长刘忻走访调研浙江省人防办工作时强调：推进具有浙江人防辨识度的改革创新，推进人防工程以及地铁等交通干道周边的大型地下综合体互连互通、连片成网，在建设现代人民防空体系中发挥头雁风采，贡献杭州力量[11]。

[8] 王玉珏. ST人防工程与周边地下空间协同开发研究[D]. 北京：北京交通大学, 2021.

[9] 程述, 程素斌. 地下综合体的开发特点和管理模式[J]. 中国市政工程, 2008(1):58-59.

[10] 毛念南. 浙江省副省长陈奕君调研杭州市人防工作[J]. 中国人民防空, 2020(8):F0002.

[11] 浙江省人防办秘书处. 陈奕君副省长调研杭州市人防工作时强调 全面履行"战时防空、平时服务、应急支援"使命任务，为建设"重要窗口"贡献人防智慧和人防力量[EB/OL]. (2020-06-23). http://rfb.zj.gov.cn/art/2020/6/23/art_1542336_48726372.html.

1.2　浙江省相关政策背景解读

1.2.1　浙江省人民防空"十四五"规划

浙江省人民防空"十四五"规划提出，"高水平建设人员防护体系，提升城市综合防护能力。坚持战备优先、规划领建、依法结建，构建布局均衡、功能配套、互连互通、连片成网、平战结合的人员防护体系，铸就坚不可摧的护民之盾"。

规划同时提出，"加强防护片区和人防综合体建设。建立防护片区建设管理、评估标准规范，开展防护片区分类建设达标行动。探索建立防护片区编码管理制度，实现防护片区建设数字化、精准化、规范化。组织开展人防综合体建设研究，明确建设标准及相关要求。结合新型城镇化建设和城市有机更新，打造一批平时战时、地上地下、防空防灾相结合的人防综合体，与城市地下轨道交通相连通由点连线、以线带面，高质量转变人防工程建设模式。支持杭州、宁波率先开展防护片区和人防综合体建设实践。到 2025 年，杭州、宁波建成 2 个以上人防综合体，其他设区市建成 1 个以上人防综合体，全省共建成 15 个以上"。

1.2.2　浙江省与杭州市领导相关论述

1. 浙江省委常委陈秘书长（原副省长）调研杭州市人防工作时强调：要把优化布局、调整结构、加强监管作为人防工程提质增量的重要途径，推进

图 1-1 陈秘书长（原副省长）
调研杭州市人防工作 [11]

[11] 浙江省人防办秘书处. 陈
奕君副省长调研杭州市人防
工作时强调 全面履行"战
时防空、平时服务、应急支
援"使命任务，为建设"重
要窗口"贡献人防智慧和人
防 力 量 [EB/OL]. (2020-06-23).
http://rfb.zj.gov.cn/art/2020/6/23/
art_1542336_48726372.html.

人防综合体建设，使人防工程与城市地下空间集中联建、互连互通、连片成网。

2020 年 6 月 18 日，陈秘书长（原副省长）在调研杭州市人防工作时（图 1-1）强调，人民防空事关国家安全，事关人民安危，事关现代化建设，要认真学习贯彻习近平总书记考察浙江重要讲话和关于人民防空的重要指示批示精神，全面履行"战时防空、平时服务、应急支援"使命任务，始终把防范和减轻空袭危害、保护国家和人民群众生命财产安全作为出发点和落脚点，进一步加强常态化、制度化、实战化建设，努力实现更好质量、更高效益、更可持续发展，为建设"重要窗口"贡献人防智慧和人防力量。

在调研波浪文化城地下人防互连互通工程和连堡丰城项目时，陈秘书长强调，人防建设是城市建设的重要内容，要坚持规划引领，切实把人防要求落到规划设计条件和土地出让环节，实现人防工作与地方经济社会发展有机融合、无缝衔接。人防工程是地下空间开发利用的重要载体，要在确保战备效益的前提下，兼顾社会效益和经济效益，实现平战结合、军民兼用。要把优化布局、调整结构、加强监管作为人防工程提质增量的重要途径，推进人防综合体建设，使人防工程与城市地下空间集中联建、互连互通、连片成网。要加大试点探索力度，推进人防工程产权制度改革，确保人防工程平时充分发挥效益、战时真正可靠管用 [11]。

2. 杭州市市长刘忻走访调研浙江省人防办工作时强调：推进具有浙江人防辨识度的改革创新，推进人防工程以及地铁等交通干道周边的大型地下综合体互连互通、连片成网，在建设现代人民防空体系中发挥头雁风采，贡献杭州力量。

2021 年 2 月 7 日下午，杭州市市长刘忻一行走访调研浙江省人防办

图 1-2　杭州市刘市长走访调研浙江省人防办工作 [12]

图 1-3　省人防办肖主任调研杭州市人防工作 [13]

[12] 浙江省人防办秘书处. 杭州市市长刘忻走访调研省人防办 [EB/OL]. (2021-02-08). http://rfb.zj.gov.cn/art/2021/2/8/art_1542336_58920954.html.

（图 1-2），与省人防办领导班子进行了座谈交流。浙江省人防办党组书记、主任肖培生介绍了浙江人防工作以及"十四五"主要目标任务，对杭州人防工作进行了充分肯定，希望"十四五"期间杭州人防要有更大作为。

刘市长表示杭州将认真学习贯彻习近平总书记关于人民防空的重要指示批示，推进具有浙江人防辨识度的改革创新，推进人防工程以及地铁等交通干道周边的大型地下综合体互连互通、连片成网，在建设现代人民防空体系中发挥头雁风采，贡献杭州力量 [12]。

3. 浙江省人防办肖主任调研杭州市人防工作时强调：要围绕加强战备效能，全面推进人防工程产权制度综合改革，积极探索人防综合体建设实践，着力推进人防深度融合发展。要积极推进人防数字化改革，加强应用场景开发力度。

2021 年 3 月 3 日，浙江省人防办肖主任调研杭州市人防工作（图 1-3）。

肖主任先后实地调研杭州市富阳区龙门镇文化礼堂暨人防教育基地、秦望区块人防综合体工程、东吴文化公园地下停车场人防工程，与杭州市、富阳区两级人防办召开座谈会，对杭州市和富阳区人防工作给予充分肯定，鼓励杭州人防要发扬"三牛"精神，发挥示范引领作用，奋力展现"头雁风采"，并就推进人防"十四五"规划开局起步，谋划年度重点工作提出要求：

一是始终把党的政治建设摆在首位，推动全面从严治党向纵深发展。要把深入学习贯彻习近平新时代中国特色社会主义思想，深刻理解把握习近平总书记关于总体国家安全观的重要论述和关于人民防空的重要指示批示精神，作为第一位的政治遵循。要站在讲政治的高度，把巡视整改和深化标本兼治结合起来，严守政治纪律和政治规矩。要加强党委（党组）班子自身建设，突出"三重一大"事项监管，加强廉政教育和廉政风险防控。

二是持续深化人防改革创新，进一步增强人防发展动力活力。要围绕加强战备效能，全面推进人防工程产权制度综合改革，积极探索人防综合体建设实践，着力推进人防深度融合发展。要积极推进人防数字化改革，加强应用场景开发力度。

三是聚力聚焦备战打仗，着力提高人防战备建设水平。要进一步修编完善人民防空袭方案，优化完善相关体系平战转换预案，把各部门责任落实到位。要进一步编实人防专业队力量，在指挥工程规范化建设、指挥工程维护、指挥信息保障、专业队组建和提高人防战备建设水平方面积极探索。

四是高质量推进人防各项业务建设，加快建成现代人民防空体系。要抓紧抓实人防发展规划和专项规划，落实规划的指标体系。加强疏散体系建设实践，在疏散基地建设、疏散地域研究、疏散行动组织方面积极探索，努力拿出一个可复制可借鉴可推广的经验模式，奋力开启争创现代人民防空体系建设先行省的新征程，以优异成绩迎接建党 100 周年[13]。

4. 浙江省人防办肖主任调研宁波、绍兴市人防工作时强调：贯彻落实全省人防工作会议、谋划推进人防规划编制、人防综合体建设以及重要经济目标防护等重点工作。

[13] 浙江省人防办秘书处. 奋力展现"头雁风采"，推动人防高质量发展 ——省人防办主任肖培生调研杭州市人防工作 [EB/OL]. (2021-03-04). http://rfb.zj.gov.cn/art/2021/3/4/art_1542336_58921022.html.

为高质量推动人防事业发展，迈稳迈好"十四五"开局第一步。2021年 3 月 8 日至 11 日，浙江省人防办肖主任赴宁波、绍兴市调研人防工作，先后实地调研了宁波市栎社机场、镇海炼化等重要经济目标单位，察看了绍兴市兰亭人防疏散基地，与市、县人防部门进行了座谈交流。

肖主任充分肯定了宁波、绍兴市人防开局工作，对两地贯彻落实全省人防工作会议、谋划推进人防规划编制、人防综合体建设以及重要经济目标防护等重点工作给予充分肯定。要求两地人防部门切实增强责任感、紧迫感、主动性，把年度计划安排的各项工作往前赶，往实里抓，确保早日落地见效。一要紧盯争创现代人民防空体系先行目标，以奋斗者的姿态，铸就坚不可摧的护民之盾。要强化战备观念、系统观念，以战备要求审视人防各项建设，做好随时应对各种复杂困难局面的准备。二要全力推进"两项改革"。省市县三级联动，以数字化改革为总抓手，全面提升人防整体智治能力。聚焦人防工程维护管理、平战转换等重难点，推动人防工程产权制度综合改革取得实质性成果。三要力争实现"五个突破"。持续深化人防指挥部常态化建设，按"实战化"要求推进"5·12"全省人员疏散掩蔽演练和"浙江金盾-21"演习，力争取得新突破；重要经济目标单位要统筹平时应急与战时防空，落实各项防护建设，力争取得新突破；人防工程建设方式要加快转型，着力推进防护片区建设，培育打造人防综合体，与城市地下轨道交通连通，力争取得新突破；人防疏散基地建设要结合乡村振兴战略通盘推进，力争取得新突破；人防宣传教育要注重实效，力争取得新突破[14]。

1.2.3　浙江省相关政策背景

1.《浙江省人民政府关于加快城市地下空间开发利用的若干意见》（浙政发〔2011〕17 号）

坚持把公共利益放在城市地下空间开发利用的首位，平为战（灾）用、战（灾）为平用，综合利用、服务民生，努力实现城市地下空间开发利用经

14] 浙江省人防办秘书处，宁波市人防办. 迈好第一步，见到新气象——省人防办主任肖培生调研宁波、绍兴市人防工作 [EB/OL]. (2021-03-13). http://rfb.zj.gov.cn/art/2021/3/13/art_1542336_58921056.html.

济效益、社会效益、战备效益和环境效益的有机统一。

2.《浙江省人民防空办公室关于大力推进人防建设与城市地下空间开发利用融合发展的意见》（浙人防办〔2012〕85号）

充分认识加快城市地下空间开发利用，既是提高城市容量、缓解城市交通、改善城市环境、深入推进新型城市化的内在要求，又是促进人防工程增量提质、完善防空防灾工程体系、全面提升城市综合防护能力、促进人防建设大发展大跨越的重要途径，切实增强推进城市地下空间开发利用的责任感和紧迫感[15]。

3.《聚焦建设"重要窗口"新目标新定位 奋力谱写浙江人防事业发展新篇章》（2020年7月23日）

依据城市总体规划和政治、经济、生活区域分布，将城市划分为若干防空片区，确定不同的结建标准和防护等级，以及其他人防工程配套，实行分类建设，分类考核评估[16]。

4.《浙江省重要经济目标防护工作管理办法（试行）》（浙人指办〔2020〕7号）

为规范全省重要经济目标防护工作，保证战时重要经济目标基本功能正常运转而采取的一系列人民防空防护行动和措施[17]。

[15] 浙江省人防办. 浙江省人民防空办公室关于大力推进人防建设与城市地下空间开发利用融合发展的意见 [EB/OL]. (2012-08-03). http://rfb.zj.gov.cn/art/2012/8/3/art_1545824_53384822.html.

[16] 唐凤鸣, 毛念南. 聚焦建设"重要窗口"新目标新定位 奋力谱写浙江人防事业发展新篇章 [EB/OL]. (2020-07-24). http://rfb.zj.gov.cn/art/2020/7/24/art_1542336_52510851.html.

[17] 浙江省人防办指通处. 《浙江省重要经济目标防护工作管理办法（试行）》政策解读 [EB/OL]. (2021-01-15). http://rfb.zj.gov.cn/art/2021/1/15/art_1545825_58920900.html.

1.3　杭州市相关现状概况

1.3.1　杭州市城市规划和建设现状

图 1-4　杭州市民中心

杭州正迈向千万人口级发达城市。全市经济发展取得三个标志性突破：常住人口超千万、经济总量超 1.6 万亿元、人均 GDP 超 2 万美元，已达到高收入国家（地区）发展水平，这在杭州发展史上具有里程碑意义。经济在转型升级中保持平稳较快增长，2020 年全市实现地区生产总值 16106 亿元，总量位居全国大中城市第九。按常住人口计算，人均 GDP 达 16 万元，位居全国前列[18]。 创新创业能级实现质的提升，杭州城西科创大走廊创新策源功能显著增强，杭州钱塘新区整合设立（图 1-4），国家新一代人工智能创新发展试验区获批，全国双创周主会场活动成功举办，人才净流入率保持全国第一。对外开放格局实现全面扩展，G20 杭州峰会成功举办，亚运会进入"杭州时间"，跨境电商综试区和电子世界贸易平台(eWTP)杭州实验区加快建设，中国（浙江）自由贸易试验区杭州片区落地。杭州都市圈实现跨省扩容，杭绍甬一体化加快发展，梦想小镇走进上海和合肥。营商环境建设走在全国前列，"最多跑一次"改革、"移动办事之城"建设取得重大进展，"万家民营企业评营商环境"排行全国第一，成为"营商环境最佳口碑城市"。社会治理模式实现数字变革，全国首创"城市大脑"，率先上线健康码和企业复工数字平台，首创"亲清在线"端对端政策兑现数字平台，被授予"新时代数字治理标杆城市"称号[19]。

"美丽杭州"建设取得新成果（图 1-5），成为省会城市中首个国家生

[18] 杭州市人民政府门户网站 . 2020 年杭州市国民经济和社会发展统计公报 [EB/OL]. (2021-03-18). http://www.hangzhou.gov.cn/art/2021/3/18/art_1229063404_3852562.html.

[19] 中共杭州市委关于制定杭州市国民经济和社会发展第十四个五年规划和二〇三五年远景目标的建议 [J]. 政策瞭望 ,2021(2):20-31.

图1-5　"美丽杭州"建设成果

态市，淳安特别生态功能区获批设立，推动西湖西溪一体化，启动建设"湿地水城"。文化兴盛行动深入实施，良渚古城遗址成功申遗，成为"全球15个旅游最佳实践样本城市"、国家文化和旅游消费示范城市。人民获得感幸福感全面提升，"美好教育"成果丰硕，"健康杭州"全面升级，被授予全国唯一"幸福示范标杆城市"称号。2020年，全市居民可支配收入达6.3万元，均居全国领先水平。全市人均预期寿命约82岁，达到发达国家和地区水平[19]。

路网建设支撑全域融合发展。持续加大道路基础设施建设力度，基本建成适应杭州实际、支撑区域统筹一体化发展的级配合理的四级路网体系。"四纵五横"基本建成，"三连十一延"全面推进，有效提升城市能级、拉大城市空间结构，疏解和优化城市中心功能[19]。

基础设施保障水平进一步提升。全面构建布局合理、功能完善、安全高效的市政公共基础设施体系。打造集约节约化发展的地下空间网络，市政设施逐步地下化，高效推进全市管廊建设、管理、运维工作，已建设地下综合管廊共计63.74 km。停车泊位供应水平处在国内大中城市前列[19]。

城乡人居环境建设成效显著。以打造"幸福示范标杆城市"，持续增强人民群众获得感为目标，统筹推进城乡环境综合整治工作，人居环境实现全域改善。城中村改造"上半篇文章"胜利收官，全面补齐杭州国际化大都市短板，城市品位显著提升[19]。

G20杭州峰会成功举办。亚运会进入"杭州时间"，2018年世界游泳锦标赛（25m）成功举办，亚运场馆及设施建设全面铺开。跨境电商综试区和eWTP杭州实验区加快建设，在全国率先建设"数字口岸"，"六体系两平

[19] 中共杭州市委关于制定杭州市国民经济和社会发展第十四个五年规划和二〇三五年远景目标的建议[J]. 政策瞭望,2021(2):20-31.

台"经验向全国复制推广。被国务院列入服务贸易创新发展试点城市。成为第九个国家级临空经济示范区。举办"杭州国际日"[20]、国际友好城市市长论坛地方合作委员会全体大会、云栖大会、2050 大会等国际性会展论坛，承办 2017 世界城地组织重要会议，全球影响力和美誉度显著提升。获中国旅游休闲示范城市，跻身全球 100 强国际会议目的地城市[19]。

1.3.2　杭州城市综合体开发建设现状

杭州城市综合体的规划建设，一方面体现了从城市功能复合、有机联系的角度考虑，将多种空间要素有机地组织在一起，克服单一功能局限的建设初衷；另一方面在杭州市区规划建设的 84 个城市综合体中，包含旅游、商贸、商务、金融、奥体、博览、交通枢纽及大学教育等城市功能，拓展了城市综合体的类型。

城市综合体的商业商务中心功能，能够使其成为城市空间中的"凝聚核"，产生极化带动作用，形成相对独立的城市活动片区和次级集聚中心，从而使城市的空间布局趋向多中心化。如果城市综合体的整体布局协调，能够有效地推动城市空间结构的调整和优化，改变目前城市单一中心过于集中的弊端，削弱"大城市病"的病根。杭州主城区规划的城市综合体通过提高城市土地利用效率，增大功能集聚度，增强中心引力，承担起片区的综合服务功能，结构上引导了多个商业商务次中心的形成。在原有的湖滨地区、武林广场和黄龙体育中心几个老的商业商务中心之外，在城北的原工业集中区、钱塘江沿江地区等地块也纷纷进行城市综合体建设，将推动城市服务中心功能布局的空间扩展。一方面，使原有城市中心区的规模扩大；另一方面，新次级中心的出现使主城区空间结构趋于多中心化。与此同时，随着副城和组团的城市综合体建设，有助于拉动城市以新中心为组织核的空间形态发展，并将对

[20]"杭州国际日"是杭州设立的永久性节日，为每年的 9 月 5 日，即 G20 杭州峰会的闭幕日、G20 杭州峰会公报的发布日。

[19] 中共杭州市委关于制定杭州市国民经济和社会发展第十四个五年规划和二〇三五年远景目标的建议 [J]. 政策瞭望,2021(2):20-31.

促进副城和组团的功能开发、吸引产业和人口起到积极的推动作用，从而加快总体规划提出的组团式、多中心城市空间结构的形成[21]。

1.3.3 杭州市地下空间开发现状

杭州市地下空间开发利用同国内其他城市一样，从中华人民共和国成立初期的"人防工程"为主、"平战结合"走向与城市建设相结合、地下空间逐步综合性开发的方向发展。1993 年，杭州开始探索地下空间与人防工程建设结合的规划编制，对地下空间规划进行专题研究。提到公共租赁住房至少设置一层地下车库作为公共停车库，充分利用地下空间。2016 年 8 月，杭州首次出台的地下空间开发建设五年规划《杭州市地下空间开发近期建设规划（2016—2020 年）》[22] 中，明确了杭州地下空间开发建设目标、重点项目与建设模式。五年规划研究的布局建设涵盖了杭州九城区，将与杭州市经济社会发展"十三五"规划时间同期，重点在上述地区的城镇建设用地，开发建设地下公共设施，逐步形成功能融合、连片成网、地下连续的地下空间系统网络的基本骨架。为了实现这一目标，杭州市后续出台了一系列政策 2017 年 5 月《杭州市地下空间用地审批和不动产登记办法》、2017 年 8 月《杭州市地下空间开发利用管理办法》[23]、2018 年 7 月《杭州市城市轨道交通地上地下空间综合开发土地供应实施办法》[24] 等相关法规，为地下空间的规划设计、工程建设和使用管理提供了依据。

近年来，杭州市委、市政府高度重视地下空间开发利用工作，"十三五"期间大规模的地上、地下交通设施的立体化建设，带动了地下空间利用规模快速攀升。截至 2018 年底，杭州市地下空间开发总量突破 8300 万 m^2（市区 7950 万 m^2）。按常住人口算，市域人均地下空间面积 8.5 m^2（市区 9. m^2），位居全国前列。地下空间开发利用的功能类型比较齐全，包括地铁、

[21] 杨建军，朱焕彬. 城市综合体建设的空间影响效应 ——以杭州市城市综合体建设为例 [J]. 规划师，2012, 28(6):6.

[22] 匡力勤，杭州市地下空间开发近期建设规划 (2016—2020 年) [R]. 浙江省杭州市综合交通研究中心，2016-04-19.

[23]《杭州市地下空间开发利用管理实施办法》解读 [J]. 杭州市人民政府公报，2020(6):73-74.

[24] 杭州市人民政府办公厅关于印发杭州市城市轨道交通地上地下空间综合开发土地供应实施办法的通知 [J]. 杭州市人民政府公报，2018(Z2):34-36.

地下停车、地下道路和交通隧道、地下人行过街道、地下商业娱乐、地下博物馆、综合管廊、平战结合人防工程等。"十三五"及今后一段时期，杭州城市建设的重点工作是地下综合管廊和地铁建设，借助杭州市 2022 年举办亚运会契机，杭州市将建成 10 条地铁线和 2 条城际铁路线，运营里程达到446km。杭州市区地下空间开发总量将突破 9000 万 m^2，累计建成 80km 地下综合管廊 [25]。

1.3.4 杭州市防护片区现状

1. 杭州市防护片区划分现状

上轮专项规划根据城区及街道（镇）行政区划，结合自然地形、道路交通及人防工程的分布情况，将杭州市区划分为上城、下城、江干、拱墅、西湖、滨江（高新）、萧山、余杭和下沙（杭州经济技术开发区）等 9 个防空区，以街道（镇）为单位划分防空片。其中，上城防空区分 5 个防空片，下城防空区分 4 个防空片，江干防空区分 4 个防空片，拱墅防空区分 5 个防空片，西湖防空区分 7 个防空片，滨江防空区分 2 个防空片，萧山防空区分 12 个防空片，余杭防空区分 9 个防空片，下沙防空区分 1 个防空片。

由于上版规划编制年代较早，城市组团数量和规模增长较大，因此规划确定的防护结构已不适应目前城市整体发展，城市防护体系尚未完全实现。

2. 杭州市各防护片区现状防护能力

根据现状人防工程数据统计（图 1-6），目前市域常住人口人防工程人均建筑面积 2.30 m^2；市区常住人口人防工程人均建筑面积 2.50 m^2。总体防

[25] 薛艳萍.城市地下空间数据资源共享现状及对策建议——以杭州为例 [J]. 价值工程,2020,39(13):258-261.

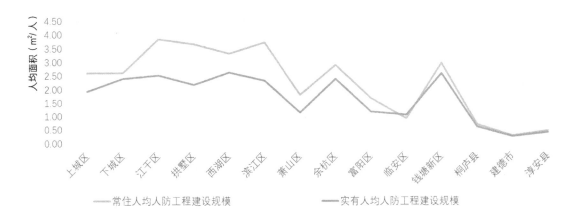

图1-6 杭州市各区县（市）人防工程人均指标

护能力较好。

从各区县人防工程人均指标分析，仍存在不平衡问题，临安区、建德市、桐庐县和淳安县人均指标小于1 m²，从工程防护角度，区级层面现状防护能力不足，其他区人均指标均大于1.5 m²，现状防护能力满足基本工程需求（图1-7）。

3. 杭州市人防防护体系现状评价：防护体系基本完善，综合防护水平稳步提升，区域统筹需加强引导

21世纪特别是"十一五"以来，在杭州市委、市政府和上级人防部门的领导下，在人防规划统领下，杭州市人防各项建设取得良好成效，人防防护体系基本完善，综合防护水平得到稳步提升（图1-7）。具体表现为：一是市、区（县、市）人防组织指挥体系基本建成并投入使用，乡镇（街道）级民防应急指挥中心建设加快，建立省、市、区三级人防指挥信息网络。二

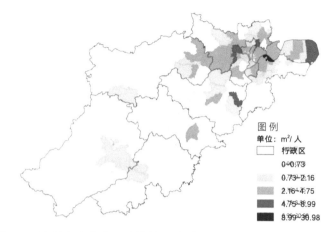

图例
单位：m²/人
　□　行政区
　　0~0.73
　　0.73~2.16
　　2.16~4.75
　　4.75~8.99
　　8.99~30.98

图1-7　杭州市实有人口人均竣工人防工程分析图（街道）

是人防防护工程体系布局基本合理，城市整体抗毁能力不断增强，全市常住人口人均指标突破 2.3 m²，各区（县、市）基本都形成功能齐全的 5 类人防工程体系。三是防空警报体系更加合理，警报控制手段和警报样式呈多样化发展，警报安装数量稳步增长，音响覆盖率得到进一步提升。四是重要经济目标防护体系效能逐步加强，人防专业队伍不断扩编，防空专业队工程建设成倍增长，部分重要经济目标实现实时监控。五是人口疏散得到有力保障，市、区（县、市）、街道（乡镇）编制完成人口疏散方案，人防疏散避难基地建设逐渐扩大，并编制启用方案。六是人防科研和人才培育得到明显加强，围绕人防工程、指挥通信、重要经济目标、产权制度等开展一系列课题研究和标准制定，并获得国家、省、市科技成果奖，取得良好效果。在此基础上，杭州人防的整体抗毁能力、快速反应能力、应急支援能力和自我发展能力得到显著提升。但在区域层面仍存在一定差异，各城区人均人防工程指标差异较大，个别县（市）人均指标明显偏低，个别区域警报建设明显滞后，需要市级层面加强引导。

1.3.5   杭州市人防综合体现状

《杭州市人民防空"十四五"规划》提出：要以区域协同防护构建现代人防防护体系先行示范。围绕"一核九星"的总体布局和城市行政区域，研究制定防护片区分类建设标准，建立防护片区评估机制，开展防护片区分类建设达标行动，探索建立防护片区编码管理制度，实现防护片区建设数字化、精准化，开展防护片区融合式人防综合体研究，结合新型城镇化建设和城市有机更新，打造 7 个平时战时、地上地下、防空防灾相结合的人防综合体。构建以指挥部为核心，以轨道交通线网为骨架、防护片区为重点、地铁站点和人防综合体为节点、人防结建工程和兼顾人防地下空间为支撑的人防"地下长城"。

杭州市人防综合体或类似项目的规划建设主要以单点、单线的人防工程为主，未形成防护片区－人防综合体的体系。目前杭州拟进行建设或有条件建设人防综合体的项目包括秦望综合体、杭州西站南北综合体、始版桥未来社区、杭腾未来社区等人防工程。但上述人防工程仅有杭州西站南北综合体与地铁进行连通，始版桥未来社区服务周边望江单元等涉及部分体系，其他人防工程均以服务本项目为主，西站南北综合体与周边地块也未形成联系。通过互联互通形成以点带面、以线串联的融合式发展体系尚未实现。

1.4　防护片区融合式人防综合体研究定位

防护片区融合式人防综合体研究是新时代人防体系的一个支点或一个单元，是杭州建设人民防空创新发展示范城市的一个组成部分，是一种区域系统防护的创新场景。新时代人防体系应是与国家安全需求和战争形态相适应的现代防护体系。

通过对人防综合体的功能、防护要求与防护标准、平战结合技术要求展开研究，并以人防综合体、连通走廊、防护片区为基础，提出防护片区融合式人防"点—线—面"体系。围绕该体系提出全要素、全周期、全时段、全场景综合的研究思路，同时策划了人防"三时十场景"的设置要求，并以十大场景为主线落实产业化研究内容。

1.5　研究目的

目的一：建立防护片区建设管理、评估标准规范，开展防护片区分类建设达标行动，建立防护片区编码管理制度。

目的二：形成防护片区融合式人防综合体规划要点、设计导则和建设使用管理导则。推进人防综合体建设，使人防工程与城市地下空间集中联建、互连互通、连片成网。解决人防综合体、大型地下空间如何与城市发展统筹规划、联合开发并同步建设的问题。

目的三：以人防综合体建设为支点，推动人防改革创新，把人防工作深度融入整个经济社会发展大局，在战时最大限度地为民众提供安全的防护功能，为重要经济目标提供更高需求的防护，让人防更好地服务于经济社会发展。

1.6　研究技术路线

本研究技术路线如图 1-8 所示。

图 1-8　研究技术路线图

第 2 章　防护片区融合式人防综合体概念和方向研究

2.1   人防综合体发展现状

2.1.1   规划层面

按地下空间设施分类，地下人防工程属于地下防灾设施。任何地下空间（包括地下市政管线设施），只要在平时正常使用功能的基础上附加一定的特殊设施，或在工程结构方面附加一定的特定构造，便具有了战时的防护功能，可称之为"人防工程"。由此可见，人防功能与地下空间的平时功能有一定的关系，但没有直接的对应关系，而是一种叠加的、兼容的关系，即对地下空间叠加一定功能，便成为兼容人防功能的人防工程 [1]。

1. 独立编制城市地下空间规划存在的问题

土地是一种有限的资源，我国出台了严格的集约节约利用土地的政策。因此，城市立体发展成为城市建设者和规划师的共识。人防工程作为城市地下空间开发利用中的重要内容和强制性内容，同样要求城市立体化发展；地下空间开发利用中必须有人防工程规划的指导。同时，需要利用城市地下空间的开发来体现人防工程建设的经济效益、社会效益和环境效益 [2]。

（1）不能统筹利用地下空间资源。

城市地下空间是城市地表空间的自然延伸，因此地下空间的功能定位、布局设置与地面的区位条件、用地功能、结构形态应紧密联系，规划时应从

[1] 韦丽华，唐军. 城市地下空间与人防工程融合发展利用探索 [J]. 规划师,2016,32(5):54-58.

[2] 王哲，李佩. 城市地下空间开发中人防工程协同建设关键技术研究 [J]. 施工技术,2018,47(S1):602-604.

上地下全面统筹、整体设计。目前，很多城市单独编制的地下空间规划，就地下论地下，未统筹考虑地面用地性质、城市功能和其他设施布局，导致地下空间资源不能统筹利用。城市地下空间资源的稀缺性和不可逆性，要求政府对地下空间资源进行统一规划。

（2）与其他专项规划衔接不充分。

城市地下空间规划是对地下资源进行综合性和系统性的规划，涉及道路、绿地、综合防灾、公共服务设施与市政公用设施等多个专项规划。目前，国内城市地下空间规划基本上是按照地面规划的思路和方法，对于各专项规划的综合考虑不够充分，导致地下空间规划缺乏系统性。城市地下空间规划应从城市全局出发，对城市各项专业设施进行统筹协调，只有这样才能满足地下空间规划的综合性要求。

（3）城市地下空间规划的强制性不够，指导性不足。

目前城市地下空间规划为总体层面的规划，强制性内容不够、指导性内容不足、规划实施性不强，且地下空间规划未被作为城市的法定专项规划纳入城市总体规划中。在总体规划阶段，地下空间规划的实施性相对较弱[1]。

2. 独立编制城市人防工程规划存在的问题

（1）独立编制的城市人防工程规划缺乏系统性。

城市人防工程规划作为一项地下空间设施规划，对人防工程的平时功能未能进行全面考虑，利用效率不高；同时，其更注重对单个人防项目的布局，

1] 韦丽华，唐军. 城市地下空间与人防工程融合发展利用探索[J]. 规划师，2016,32(5):54-58.

缺乏地下连通体系，未能协调发展地上地下空间和突出其经济效益。这主要是因为城市人防工程规划缺乏与地下空间规划的结合，使得城市人防工程规划缺乏系统性和条理性[1]。

（2）各城市人防工程规划体系不完善，实施力度不足。

目前，各市编制的人防工程规划以建设规划为主，针对各类人防工程设施提出布局要求。但是，主要还是停留在城市总体规划层面，专项规划的强制性内容不突出；而地下人防工程规划尚未被纳入城市控制性详细规划中，导致人防项目落地较困难，规划目标与实际建设内容脱节[1]。

2.1.2 工程建设层面

我国城市地下空间开发利用始于人防工程平战结合的开发利用，并伴随着经济技术条件和城市空间容量的发展而发展。地下空间结构的功能经历了"地下防灾→独立的地下公共基础设施和地下商业设施→地下综合体→有功能分区的地下综合体"这一发展过程[3]。近十年来，随着城市地下空间的高速发展，人民防空工程的建设速度和规模也相应有了较好的发展，然而，大型融合式地下综合体方面的建设和研究还待提高和完善。

（1）人防综合体内部未形成功能融合的体系。如杭州市富阳区秦望综合体项目，虽然有 60332 m² 的人防总建筑面积，但人防设计停留在二等人员掩蔽和兼顾人防的水平，战时功能仍按常规的设计要求，根据政策和技术的一般规定进行，战时功能单一、综合性的缺乏，导致等级的层次匹配明显不足，与上部大型城市综合体的关联性和符合度十分欠缺。

[1] 韦丽华,唐军. 城市地下空间与人防工程融合发展利用探索[J]. 规划师, 2016,32(5):54-58.

[3] 贺坚. 结合城市地下空间开发推进平战结合人防工程建设[J]. 中国人民防空, 2014(3):3.

（2）人防综合体的技术标准尚未建立。目前，我国尚无地下综合体兼顾人防需要的技术标准。有些地区虽根据当地实际颁布了一些地方性法规，但大多只是对兼顾人防需要的原则和方针等进行界定，缺少操作性强的法规条目，且各地的规定各不相同，具体执行标准不一。

（3）人防综合体的功能定位不明确。大型地下综合体兼顾人民防空需要时，首先必须明确其兼顾人防需要的功能定位，即大型地下综合体如何建设，才能在战时最大限度地为民众提供必需的防护、掩蔽功能。目前，我国的相关法规、技术标准对此的规定是模糊的。有些地区在颁布的地方性法规文件中，虽对地下空间开发建设兼顾人防需要规定了面积比例等，但各地的要求却不尽相同。

（4）现行人防工程技术要求、设计标准等与目前大型地下空间建设发展的需求不相适应。随着信息化条件下作战武器、战争形式的变化和城市地下空间开发利用的进展，现行人防工程技术要求、设计标准中的某些规定，已在一定程度上制约了人防工程建设与城市地下空间开发的融合发展。

（5）综合体布局关系的体系尚未建立。城市人防工程在整个城市的平面布局上与地下空间利用的平面布局是一致的。骨干人防工程的建设和人防工程的连通基本上要依托大型地下空间的开发和建设来实现。因此，城市中地下空间重点发展区、城市交通枢纽和节点（地铁）、城市中心区、商业繁华区、人口密集区的地下空间开发利用，均要考虑并适当满足人防要求。

（6）人防综合体在实践中难以落地。目前的人防工程建设主要以满足本地块内的人员掩蔽为主，现有体制机制无法推动开发单位建设人防综合体的积极性。如秦望综合体出现的以二等人员掩蔽和兼顾人防为主的人防配置，战时功能单一，功能综合性缺乏，等级的层次匹配明显不足，与地上部大型城市综合体的关联性和符合度十分欠缺等问题，均受到现行的人防工程战技要求、设计标准低的制约。随着信息化条件下武器、战争形式的发展和城市地下空间开发利用的进展，应进一步确立与大型公共建筑相结合的人防综合体的建设思路，推进人防综合体的落地 [4]。

[4] 梁颖元. 大型融合式人防综合体防护研究 [J]. 地下工程与隧道,2014(3):4-6.

2.2　人防综合体研究综述

涉及"人防综合体"这一概念本身的相关研究目前数量较少。其中梁颖元（上海建工集团工程研究总院）通过分析地下空间与人防工程建设存在的主要问题和我国地下综合体的分类和发展趋势，对大型融合式人防综合体的概念进行了界定，将"人防综合体"定义为"地下建筑面积大于 5 万 m^2，结合人防功能、综合商业、轨道交通、市政道路及公用设施等多功能的大型公共地下空间设施"。同时对人防综合体的防护需求、战时功能和防护体系构成、防护要求和防护标准、平战结合技术要求进行了初步的研究，为人防综合体的后续研究奠定了一定基础[4]。

在针对具体案例的研究上，主要围绕全国首个大型融合式人防综合体福州中防万宝城和济南纬十二路人防综合体展开。楼晓雷（西安建筑科技大学）对中防万宝城的商业枢纽地下空间设计进行系统研究，通过对紧急人员掩蔽部和紧急综合物资库等空间的分析，解读了中防万宝城人防建设一体化的创新之处；对空间设计与工程设计进行剖析，得出了人防工程建设与城市地下公共空间规划建设融合式发展值得推广与试点之处；并详细研究了盖挖法、BIM 应用等新技术在中防万宝城的应用[5]。刘俊（元枫建筑工程设计（上海）有限公司）对中防万宝城的逆作法设计与施工技术进行了研究，从围护墙、水平结构、竖向支撑系统、桩基扩底及桩基后注浆技术（AM 工法）、HPE 液压垂直插入钢管柱施工工艺、结构施工等方面研究了逆作法在中防万宝城的应用[6]。付同华（哈尔滨工业大学）对济南纬十二路人防综合体深基坑支护设计与施工进行研究，对人防综合体的深基坑施工、工程检测结果进行分

4] 梁颖元 . 大型融合式人防综合体防护研究 [J]. 地下工程与隧道 ,2014(3):4-6.

5] 楼晓雷 . 中防万宝城商业枢纽地下空间设计研究 [D]. 西安：西安建筑科技大学 ,2016.

6] 刘俊 . 中防万宝城逆作法设计与施工 [J]. 福建建设科技 ,2016(4):54-56.

析，得出了深基坑人防综合体项目应依据工程实际情况采取合适的支护结构体系，选择正确的施工工艺，并通过工程检测提升工程施工质量[7]。

如把概念扩展到"地下综合体兼顾人防""综合管廊兼顾人防"，目前国内研究已有不少成果。韦丽华等（合肥市规划设计研究院）对城市地下空间与人防工程的融合发展利用进行了探索，剖析了地下空间和人防工程的发展关系及独立编制这两项规划存在的问题，以可实施性和操作性为前提，从规划编制体系、空间布局和实施管控三方面提出规划策略，以期实现城市地下空间规划和人防工程规划"两规合一"；其中在空间布局融合中，提出了商务办公区、商业中心区、文娱设施、交通枢纽、城市节点等各类地下综合体与人防功能结合的基本功能要求[1]。薛微（四川师范大学）对温州市人防建设融合发展进行了分析研究，提出了强化融合发展理念、深化融合发展目标、完善融合发展法制三大对策，明确了人防融合发展应合理开发地下空间、发挥人防经济效益、融入应急救援体系、拓展人防宣传领域[8]。王振宗等（北方工程设计研究院有限公司等）从工程经济性的角度出发，从平面设计、层高控制、顶层覆土厚度、结构主体技术指标、机电设计等方面提出了地下空间与人防融合开发工程建设层面的细节方案[9]。刘云飞等（军事科学院国防工程研究院）对城市综合管廊工程的防护要求进行分析，对综合管廊的工程防护潜力进行了评估，从抗力、密闭、防护单元等方面为综合管廊工程防护建设和制定设计标准提供参考依据[10]。

[7] 付同华. 济南纬十二路人防综合体深基坑支护设计与施工研究 [D]. 哈尔滨：哈尔滨工业大学,2019.

[1] 韦丽华,唐军. 城市地下空间与人防工程融合发展利用探索 [J]. 规划师,2016,32(5):54-58.

[8] 薛微. 温州市人防建设融合发展研究 [D]. 成都：四川师范大学,2020.

[9] 王振宗,顾振华,赵雄飞等. 基于工程经济性的地下空间与人防工程"融合开发"研究与实践 [J]. 河北建筑工程学院学报,2019,37(4):83-86.

[10] 刘云飞,张磊,章毅,等. 城市综合管廊工程防护要求分析 [J]. 防护工程,2020,42(3):52-57.

2.3　人防综合体相关案例

2.3.1　南京新街口地区地下综合体

图 2-1　南京新街口地区地下综合体平面示意图

　　新街口地区地下综合体位于南京市市中心，围绕新街口地铁站为中心建设（图 2-1）。新街口地铁站是南京地铁 1 号线和 2 号线的换乘车站、地下三层是站台层，地下二层是站厅层。地下一层大部分出口通向两侧地下商场和路面，用于过街通道和商业开发。新街口地区每日人流量平时为 40 万～50 万人次，周末 70 万人次，节假日可达百万人次，是南京市最繁华的商业地带和地铁交通枢纽。利用这个南京市最繁华的商务区和娱乐休闲区，新街口地区地下综合体从中山南路淮海路路口一直延伸到新街口广场北侧，全长361.8 m，总面积 5.44 万 m²。包括新街口地铁站枢纽、德基广场地下层、东方商城地下层、大洋百货地下层、中央商场地下层、莱迪地下商场、新百商场地下层，均按照平战结合人防工程标准设计 [11]。

　　工程总建筑面积 5.44 万 m²，工程主体平均埋深约 18 m，结构采用钢筋混凝土框架结构，防护级别为核 6 级，战时用途为人防物资库工程和二级人员掩蔽工程。

　　地下综合体平时功能包括：地下一层由商业、餐饮、娱乐组成，地下二层为停车库，地铁枢纽部位于地下三层，作为地铁站台大厅，地下通道具有交通联系功能，联系了新街口地区大部分核心商业、办公场所，为庞大的人流量提供了交通便利。战时功能为人防物资库和二级人员掩蔽部工程，防护

[11] 谢屾 . 南京新街口地下综合体步行通道空间环境研究 [J]. 南方建筑 ,2011(5):56-59.

图 2-2　地上出入口

级别为核 6 级 [12]。

新街口地区地下综合体主要采用线式条形组合，其中新街口地铁枢纽通道为南北向线式空间，线式空间的两侧连通了其他的空间，在汉中路与中山路交叉口下，是一个转盘形的中央大厅，空间从中央大厅向汉中路、中山东路、德基广场呈辐射形。在几个与地铁通道连通的地下空间中，莱迪地下商场采用明显的线式空间，其他几个地下商场大体呈方形。

新街口地区地下综合体与城市交通联系的方式主要有 3 种：

（1）通过地上出入口（图 2-2），与城市人流聚集的广场空间或者道路空间联系。如时尚莱迪广场的出入口，通往莱迪地下商场。

（2）地下综合体的交通体系与城市地铁交通线联系（图 2-3），如新街口地铁站与周边地下综合体的联系。

（3）通过位于地上建筑内部的出入口，与地上建筑共用出入口与城市相联系 [13]。

在交通空间的设计上，以德基广场部分的地下综合体为例，地下综合体中包括了商业、停车、交通功能的组合，在不同功能之间必须建立密切的联系，方便人流的到达和离开，提高了交通空间的可达性 [14]。

使用功能的转换：新街口地区地下综合体平时作为地铁枢纽和商业综合体，战时转换为防护级别为核 6 级的二等人员掩蔽部和人防物资库。主体工程的防护转换包括砌筑各类战时用房（如防化值班室、配电室、战时干厕和

[12] 阮东俊. 南京新街口中心区地下空间规划策略研究 [D]. 南京：南京工业大学 ,2018.

[13] 洪小春，季翔，武波. 城市地下空间连通方式的演变及其模式研究 [J]. 西部人居环境学刊 ,2021,36(6):75-82.

[14] 汤梦捷. 地下商业建筑公共空间构成要素研究 [D]. 南京：南京大学 ,2013.

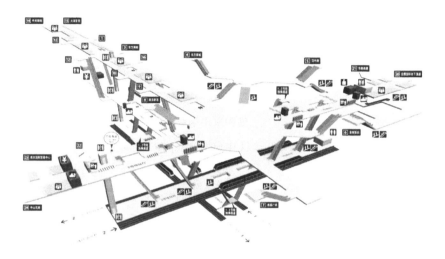

图 2-3　地下综合体的交通体系与城市地铁交通线的联系

盥洗室），抗爆挡隔墙，封堵防护单元预留口（如平时使用的出入口、风口），以及内部设备的转换和安装（如平时使用的风机、水泵、空调需要更换或者停用）。

防护功能转换的时限：平时没有安装的战时功能需要的滤毒、通风、给水排水及电气设备在 30 天之内完成安装，在 30 天之内完成防护隔墙大面积孔洞封堵构件的准备，大面积孔洞应保证在 10 天左右时间完成封堵。除上述部位以外，其他部位的工作量应在 2 ~ 3 天内完成，确保工程整体达到战时防护要求，同时应对工程整体进行综合调试和竣工验收。

平战功能转换的技术措施：平战结合地下综合体的使用功能和战时功能应尽量接近或一致，使转换时间缩短，转换方便、简单。新街口地区地下综合体在建设时，为满足平时使用功能，出入口处的防护密闭门、密闭门、通风口消波措施、给水排水管等，在施工时已经因此完成，符合战时防护要求。

平时允许预留的风、水、电设备基础，战时实施快速安装。

实施平战转换的结构构件在设计中应能满足转换前后不同受力状态的各项要求，并在施工图纸中说明转换部位、方法以及具体实施要求；当转换措施中采用预制构件时，应在图纸中说明预埋件、预留孔（槽）等应在工程施工中一次就位，预制构件应在工程施工同步做好，并应设置构件的存放位置。

思考与启示：在新街口地下综合体的人防设计中，将战时防护单元与平时防火分区、防烟分区充分结合，提高了地下综合体的经济效益和空间的整体开敞使用效果。新街口地区地下综合体更加注重空间设计，可以看到大部分商业空间的空间效果都注重了对人的心理感受的改善，例如引进天然采光、丰富的界面设计，对空间方向感和交通流线的设计，大部分地下综合体成功地塑造了比较人性化的地下环境。

2.3.2　中防万宝城

福州宝龙万象广场平战结合人防工程（中防万宝城）是经福州市人民政府决定开发建设，经国家人民防空办公室批复立项，并被福建省及福州市政府列为重点工程项目（图 2-4）。该项目占地面积 8.2 万 m²，总建筑面积 19.6 万 m²，用于商业面积约为 12 万 m²。项目地下共建有 3 层、62 个出入口、74 部电梯、7 条 24 小时过街通道，共设置 1400 个停车位，与地面上五大商业体由下而上有效贯通，进一步完善万宝商圈的有效融合[15]。

中防万宝城作为国内首座大型融合式人防综合体，地处福州城市核心商圈，包含了地下道路、大型停车库、人行过街通道、桥梁、城市内河、各类管线、各种商业业态、人防等多种功能，其综合度之广、实施难度之大为同

[15] 中防万宝城——全国首个大型融合式人防综合体 .2019 年全新出发 [J]. 福建建筑 ,2019(2):4-5.

类项目罕见。尽管我国地下空间开发规模和速度远居世界前列，但地下空间开发的综合性效益及收益仍需要改进和改善。现行人防工程设计标准等基于当时的战争条件、特点而制定。随着信息化条件下武器发展、战争形式的发展和城市地下空间开发利用的进展，其中一些规定在一定程度上制约了人防工程建设与地下空间开发融合式发展。根据国家人防办要求，本工程作为全国首个大型融合式人防综合体试点将作为全国示范工程，为同类工程建设提供参考依据。作为城市核心商圈人防综合体，人员流动性大、战争突发性强，综合体应以流动人员的临时、应急掩蔽为主，以平时使用情况下的商业、交通等物资掩蔽为主，配备以必要的战时管理手段。项目引进新的战时功能"紧急人员掩蔽部"保障流动人员、待疏散人员的掩蔽，"紧急综合物资库"保障其商业、交通等平时物资掩蔽。同时，根据信息化条件下的局部战争特点，临时掩蔽人员在人防综合体内可适度社会活动，如基本的商业购物行为。因此，人防综合体功能是多样化和配套齐全的，是战时城市中可短时独立运行的"人防小城"。通过合理的总体方案、创新的构造设计、先进的施工工艺使项目达到设计目标并节省投资，可为城市核心区地下空间开发提供借鉴[5]。

[5] 楼晓雷. 中防万宝城商业枢纽地下空间设计研究 [D]. 西安：西安建筑科技大学, 2016.

图 2-4　中防万宝城

中防万宝城是国家人防办批准进行大型平战结合人防工程综合体科研试点，创造性地提出了大型人防综合体的概念，按照平时服务、战时应急、战时服务、平战结合的建设要求，设计了紧急人员掩蔽部、紧急综合物资库、战时商业服务区等新的战时功能，形成战时城市中可短时独立运行的"人防小城"。城市地下空间建设兼顾人民防空需要是人民防空法和人防工程战技要求的规定，可以有效提高城市的防灾防护能力。因此合理、有效地利用地下空间兼顾人民防空需要是城市发展、人防工程发展的必然需求，可以更好地利用地下空间进行城市一体化开发。

思考与启示：人防工程建设与城市地下公共空间规划建设融合式发展的推广与试点: 将人防工程建设与地下城市公共空间有机融合并综合开发利用具有相当重要的价值和意义，同时也是切实可行的。既有利于城市建设的可持续发展也有利于加快人防工程的全面建设，同时还能充分利用现有空间进行综合拓展，提升地下空间的利用效率，充分发挥经济、社会与战备效益；也有利于改善人防工程建设质量，合理有效开发利用城市地下空间，拓展人类生存领域，彻底改善城市生活环境与品质，缓解中心城市建筑高密度、高污染的现状。当然，人防工程建设与城市地下公共空间规划建设融合式发展还需要从多方面进行提升与完善：如加紧制定人防工程建设与城市地下空间开发的立法工作与制度健全，使其法制化发展；如加强宣传教育力度，强化全民的国防意识和理解、关心与支持，形成良好的人防工程城市地下空间开发利用氛围与环境；再如从设计规范化与标准制度化入手，进行优秀工程的试点推广，针对不同特点的城市地下空间，有针对性地进行研究型设计，实现两者的有机结合与健康发展。

2.4　概念定义

2.4.1　防护片区概念

根据《浙江省人民防空专项规划编制导则（试行）》，防空区原则上与区县级行政区划相对应，防空单元一般与城市控制性详细规划单元相对应。当防空区范围较大、包含防空单元较多时，可根据城市空间结构或功能组团，将防空区内部相对独立的区域划分为防空片，每个防空片包括若干防空单元。

根据《控制性详细规划人民防空设施配置标准》DB33/T 1079—2018，人防专项规划是城市和镇总体规划层面的专项规划，其根据城市和镇的战略地位，对规划区进行防护区片划分，对规划区范围内的人防综合防护体系、人防工程、人防疏散设施、人防警报设施、重要经济目标防护等内容做出总体部署，并对一些重点人防设施进行规划布局，如县级以上人防指挥工程、中心医院、急救医院、人防疏散基地和疏散通道、重要经济目标防护要求和措施等。

如单独编制人防控制性详细规划，为了更好地在控制性详细规划单元内落实防护区的各类人防设施，在人防专项规划划定的防空区、防空片基础上，结合控制性详细规划单元用地功能布局和街道、社区界线划定防空单元。

浙江省人民防空"十四五"规划提出要"建立防护片区建设管理、评估标准规范，开展防护片区分类建设达标行动。探索建立防护片区编码管理制度，实现防护片区建设数字化、精准化、规范化。组织开展人防综合体建设研究，明确建设标准及相关要求。结合新型城镇化建设和城市有机更新，打造一批平时战时、地上地下、防空防灾相结合的人防综合体，与城市地下轨道交通相连通由点连线、以线带面，高质量转变人防工程建设模式"。

本研究将防护片区定义为防空区内部的片区，一般与街道（乡镇）相对应，由一个或若干个防空单元组成，每个防空单元由城市控制性详细规划管理单元中的若干个街区组成。

2.4.2　人防综合体概念

1. 综合体相关概念

国外最早的建筑综合体可以上溯到古希腊的广场建筑和古罗马的公共浴场，如卡拉卡浴场和戴克利提乌姆浴场。我国最早的城市综合性市场可以追溯到北宋时期开封出现的瓦子，是坊市制打破以后一种城市综合性市场。我国最早比较成形的综合性商业街区是建于1903年的北京东安市场。1918年上海南京路出现了永安公司，功能包括购物、旅馆、酒楼、茶室、游乐场等各种设施，可以视为中国最早的建筑综合体[16]。

18世纪工业革命后，欧洲最早的商业拱廊将购物、餐饮、娱乐等不同功能混合，成为现代建筑综合体的雏形，1940年美国纽约洛克菲勒中心成为建筑综合体的典范。第二次世界大战以后，郊区购物中心陆续出现，如1956年第一个封闭型购物中心Southdale Center在明尼阿波利斯郊区开放。20世纪七八十年代以来城市综合体在西方国家大量兴起，包括世界第一个城市综合体——法国巴黎的拉德芳斯，以及日本东京六本木、加拿大多伦多

[16] 武前波, 黄杉. 城市综合体——零售业态演变视角下的消费空间 [M]. 北京：中国建筑工业出版社，2016.

的伊顿中心等 [17]。

20 世纪 80 年代以来，我国相继建成一批城市综合体，最早的是被合称为"双峰并世"的深圳国贸中心和北京国贸中心，其后陆续出现了上海的新天地、北京的燕莎和华贸中心、广州的天河城等。至今，城市综合体更是以前所未有的速度在国内各地开花，许多二线、三线城市也开始把城市综合体建设作为改变城市形象、进行新区建设和旧城改造的主要载体和手段。杭州曾在"十一五"期间提出了建设 20 个新城，涵盖旅游、商贸、商务、金融、奥体、博览、枢纽、高教等 100 个多功能城市综合体的宏大计划，以此来实施杭州"城市国际化"战略和"生活品质之城"建设 [17]。

综上所述，城市综合体是城市发展到一定阶段的产物。城市本身属于一个聚集体，当人口聚集、用地紧张到一定程度的时候，首先会在这个聚集体的核心部分出现城市综合体这样一种综合形态。城市综合体是现代城市发展背景下建筑综合体的升级与城市空间的延续。《中国大百科全书》将建筑综合体定义为"多个功能不同的空间组合而成的建筑"；《美国建筑百科全书》则认为"建筑综合体是在一个位置上，具有单个或多个功能的一组建筑" [16]。

一个城市的中心商务区（CBD）往往集中了最多、最大的建筑综合体，所以，从 CBD 的内涵可以将建筑综合体理解为，城市活动中多种不同的功能空间进行有机组合（商业、办公、居住、酒店、展览、餐饮、会议、文娱），通过一组建筑来完成，并与城市的交通相协调。国务院发展研究中心等机构对 2003 年以来建成或在建的 100 个建筑综合体的研究表明，从建筑综合体的复合功能或业态来看，65% 的建筑综合体具有办公、商业、酒店、公寓四大基本功能，充分说明了大多数建筑综合体的功能组合特征 [18]。

[17]　黄杉,武前波,崔万珍. 国内外城市综合体的发展特征与类型模式 [J]. 经济地理,2013,33(4):1-8.

[16]　武前波,黄杉. 城市综合体——零售业态演变视角下的消费空间 [M]. 北京：中国建筑工业出版社, 2016.

[18]　高山. 城市综合体概念辨析 [C]// 转型与重构——2011 中国城市规划年会论文集,2011:9239-9252.

城市综合体具有建筑综合体的主要特征，因此又被称为"复合型建筑""建筑综合体""街区建筑群体""建筑集合体"等，目前还没有形成完全统一的定义。一般意义上认为，城市综合体是指在城市中的商业、办公、酒店、居住、餐饮、展览、交通、文娱、社交等各类功能复合、互相作用、互为价值链的高度集约的街区群体，其核心功能为商务办公、商业零售、酒店公寓和住宅。

2. 地下综合体概念

地下综合体是从 20 世纪 60 年代开始发展起来的一种新的建筑类型，欧洲、北美和日本等发达国家的一些大城市，在新城镇的建设和旧城区的再开发过程中，建设了规模不同的地下综合体。地下综合体成为具有现代大城市标识意义的建筑类型[19]。

在欧洲，如德国、法国、英国的一些城市，在发展快速轨道交通系统和高速道路系统的同时，结合交通枢纽的建设，发展了多种地下综合体。美国城市中，高层建筑过分集中引起城市空间环境的恶化，所以在高层建筑集中的地区，利用建筑物之间的地下空间，将高层建筑的地下室连成一片，组成大面积的地下综合体。在加拿大漫长的冬季，积雪给地面交通带来不便，所以大量开发利用地下空间，建设地下综合体，用地下步行系统和地下铁道将多个地下综合体以及地下综合体与地面的重要建筑连接起来[20]。

日本的地下综合体以地下街的形式建设，从 20 世纪 30 年代，日本地下街开始建设，50 年代起取得很大发展，到 1983 年，日本每天约有 1200 万人进出地下街，使得日本地下街在城市地下空间利用的领域和在城市生活中都占有重要地位，在国际上享有较高声誉[21]。

[19] 陈晓强, 钱七虎. 我国城市地下空间综合管理的探讨 [J]. 地下空间与工程学报, 2010,6(4):666-671.

[20] 崔曙平. 国外地下空间开发利用的现状和趋势 [J]. 城乡建设, 2007(6):68-71.

[21] 陈志龙, 王玉北. 城市地下空间规划 [M]. 南京：东南大学出版社, 2005.

近些年，我国一些大城市为了缓解城市发展的矛盾，开始建设地下综合体，随着我国城市化进程的快速发展，城市空间发展与土地资源供应的矛盾日益突出，地下空间开发利用成为拓展城市空间的新手段。据统计，目前已经建成使用和正在进行规划、设计、建造的地下综合体已有数百个，规模一般均为万平方米量级，大多分布在城市中心、站前广场和一些主要道路的交叉口，其中以在站前交通集散广场的比较多，有益于改善城市交通和环境，促进城市经济效益的发展 [22]。

目前，我国城市地下空间与人防工程建设正处于高速发展阶段，城市地下空间建设与人民防空融合，是人民防空法和人防工程有关技术法规的要求，也是有效提高城市综合防护能力的需要。城市集约化程度的不断提高、城市立体化再开发，单一功能的单体地下公共建筑必然向多功能、综合化的方向发展。城市地下空间尤其是大型地下综合体，如何既能满足城市安全防护的要求，又能发挥经济效益，实现地下空间和人防工程的融合发展，是当前需要重点研究的课题，越来越受到人防主管部门的高度重视和社会各界的高度关切。

地下综合体的概念，国内外多位专家学者从各个角度做过概括和归纳。地下综合体以建设在城市地表以下的，能为人们提供交通、公共活动、生活和工作的场所，并相应具备配套一体化综合设施为特征，由交通、商业、购物、文娱、游憩、停车、人防等城市中不同性质、不同用途的社会生活空间共同组成的多功能、高效率、复杂而统一的地下建筑群体 [21]。

根据不同的划分标准，地下综合体有多种不同的类型。

[22] 郑怀德 . 基于城市视角的地下城市综合体设计研究 [D]. 广州 : 华南理工大学 ,2012.

[21] 陈志龙，王玉北 . 城市地下空间规划 [M]. 南京 : 东南大学出版社，2005.

（1）根据在城市中的位置，地下综合体可分为以下几种类型：

●道路交叉口型——位于城市中心区路面交通繁忙的道路交叉地带，以解决商业、交通为主。

●车站型——结合地下轨道交通车站建设，拥有商业、贮存、人行过街通道、市政工程，以及防灾的人员疏散、掩蔽等综合功能。

●交通枢纽型——结合城市大型交通枢纽地带的改造，将地面交通枢纽与地下交通枢纽有机结合起来建设，同时增设商业、市政公用设施等功能。

●副中心型——副中心型地下空间综合体，是为疏解城市中心职能而建，该综合体几乎涵盖市中心的所有职能，如商业、文娱、行政、金融、交通等。

●中心广场型——主要是利用城市广场地下空间建设大型地下综合体，补充地面功能的单一化。

除此之外，还包括上述类型的复合型地下综合体。

（2）根据功能属性划分，地下综合体可分为以下几种类型：

●交通主导型——为缓解城市地面交通压力，以城市轨道交通系统为导向，辅以一定规模的其他功能，亦有文献称之为"轨道交通综合体"。

●商业主导型——以商业为主要功能，将地面各商业网点通过地下空间有机相连，形成立体化的商业网络。

●商务主导型——以高层商务办公建筑群为基础，通常将地面建筑的地下部分相连通，形成地下人行、车行系统的综合体。

●文化体育主导型——以文化教育、参观展览、休闲娱乐等功能为主的地下综合体。

除此之外，还包括一些功能复合型的地下综合体。

另外，根据建筑规模，可分为中小型、大型、超大型地下综合体；根据地下空间的开发深度，可分为浅层、次浅层、深层地下综合体；按平面布局形态，地下综合体可分为点状、辐射状、脊状、网络状、复合型等类型。

3. 人防综合体概念

综上所述，城市综合体是指在城市中的商业、办公、酒店、居住、餐饮、展览、交通、文娱、社交等各类功能复合、互相作用、互为价值链的高度集约的街区群体。地下综合体则是以建设在城市地表以下的，能为人们提供交通、公共活动、生活和工作的多功能、高效率、复杂而统一的地下建筑群体。

根据城市综合体和地下综合体的概念定义，本书将融合式人防工程综合体定义为以城市综合体为基础，将商业、城市交通、市政设施等地下综合体功能有机结合，且与战时多种人防功能融合集成建设，并具有一定等级人防规模要求的大型公共地下空间设施。融合式人防综合体所对应地面应具有城市综合体的商业零售、商务办公、酒店公寓和住宅等核心功能，并将这些功能延伸到地表以下，形成融合商业、文化娱乐、生活服务、交通以及多种人防工程功能的大型地下公共建筑。

人防综合体可以被定义为三个层级：

人防综合体 1.0 版本：战时功能具有 3 种或 3 种以上，平时功能具有 2 种或 2 种以上的防空地下室。

人防综合体 2.0 版本：人防建筑面积大于 2 万 m^2，平时与战时功能要素均不少于 3 种，结合人防功能、综合商业、轨道交通、市政道路及公用设施等多功能的大型公共地下空间设施。

人防综合体 3.0 版本：即融合式人防综合体，是地下综合体与人防工程的结合体，以规模较大的商业、轨道交通、市政道路及公用设施为主，其主要特征为：规模较大、功能综合、公共使用、要素多样、平战结合、配套齐全。本研究将人防综合体 3.0 分为一类人防综合体和二类人防综合体。

其中，一类人防综合体是指防护片区内配建 4 项以上战时人防功能（其中物资库、医疗、专业队至少包含一项）的城市综合体地下空间通过连通通道进行连通，并宜与人防快速通道（地铁或地下快速路）相连通，构成防护片区型人防综合体，连通后等级人防面积或单体等级人防面积符合一定标准，按照地下空间平战融合的要求，将商业、居住、医院、城市交通、市政设施等多功能有机结合（相互连通），且与战时人防功能融合集成建设的大型公共地下空间设施。一类人防综合体分为大型、中型两级，其中大型人防综合体必须和轨道交通站点互连互通。

二类人防综合体是指防护片区内配建 3 项以上人防战时功能（其中物资库、医疗、专业队至少包含一项）的城市综合体地下空间通过连通通道进行连通，构成防护片区型人防综合体，连通后等级人防面积或单体等级人防面积符合一定标准，按照地下空间平战融合的要求，将商业、居住、医院、城市交通、市政设施等多功能有机结合（相互连通），且与战时人防功能融合集成建设的大型公共地下空间设施。二类人防综合体均为小型人防综合体。

人防综合体应在布局、选址、规模、功能、连通五方面满足一定的限定标准，作为人防综合体的准入门槛最低要求（相关标准见附表1）。

人防综合体在防护上须满足功能齐全、防护可靠、保障使用、适于生存的基本要求。功能齐全即区域内包含多种防护功能，防护体系基本完备；防护可靠即对空袭武器的毁伤效应及次生灾害具有较强的综合防护能力；保障使用即工程战时为掩蔽各类人员和物资提供必要的使用条件，如内部空间条件、设备设施条件等；适于生存即战时工程内应有较好的环境条件，如通风。

给水排水、通信及电气等系统完善，以保障人员的生存。

根据对相关研究和案例的分析，本研究认为，融合式人防综合体可分为单体式和多体连通式，其中多体连通式由各单体通过地下交通联络通道连通（图 2-5）。单体式的人防综合体地面一般以城市（商业）综合体为基础，其地下空间包含地下综合体与满足人防综合体条件的人防功能；多体连通式的人防综合体地面一般包含城市综合体和周边多个地块，其地下空间包含地下综合体及周边地块的地下空间，这些地下空间内的人防功能通过连通通道进行互连互通后，可满足人防综合体的条件。

4. 人防综合体规模

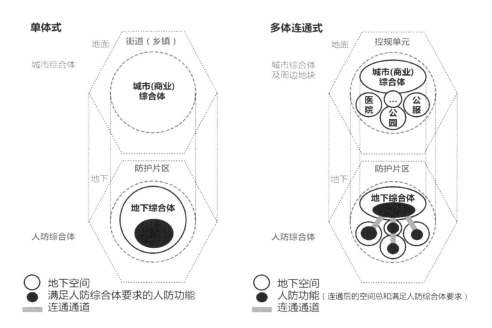

图 2-5　人防综合体概念示意图

（1）功能要求

根据以上人防综合体功能要求，人防综合体应具备 3 种及以上人防工程功能，其中防空专业队工程与医疗救护工程应至少满足一项。

（2）医疗救护工程服务人防工程规模论证

根据《城市居住区人民防空工程规划规范》GB 50808—2013，对于国家 Ⅰ类、Ⅱ类城市，居住区和居住小区层面应配置救护站，Ⅲ类城市、其他城市（省重点设防城市）在居住区层面应配置救护站。救护站服务半径不应大于 1 km，折成服务范围为不大于 3.14 km²。根据《城市用地分类与规划建设用地标准》GB 50137—2011，杭州市规划人均城市建设用地指标为 85 ～ 105 m²/人，则杭州市每 27000 ～ 33000 人就可配置一处救护站。

根据《人民防空医疗救护工程设计标准》RFJ 005—2011，中心医院宜结合省、市级医院修建，急救医院宜结合区、县级医院修建，救护站宜结合街道医院修建。根据《社区卫生服务机构建设标准》：社区卫生服务中心原则上按街道办事处范围设置，以政府举办为主，服务人口的数量为 3 万～ 10 万人。

根据以上分析，杭州市每 2.7 万人可配置一处救护站，结合杭州人防工程人均指标要求（1.9 ～ 4.0 m²/人），则每个救护站可以服务的人防工程总量 51000 ～ 108000 m²。

（3）防空专业队工程服务人防工程规模论证

根据《城市居住区人民防空工程规划规范》GB 50808—2013，对于国家Ⅰ类、Ⅱ类、Ⅲ类城市，居住区和居住小区层面应配建抢险抢修专业队工程，其他城市（省重点设防城市）在居住区层面应配建抢险抢修专业队工程。抢险抢修专业队工程服务半径不应大于 1.5 km，折成服务范围为不大于 7 km²，与浙江省工程建设标准《控制性详细规划人防设施配置标准》DB33/T 1079—2018 中确定的每 4 ~ 7 km² 城市建设用地中高限（7 km²）设置一处防空专业队工程的要求一致。

根据《城市用地分类与规划建设用地标准》GB 50137—2011，杭州市规划人均城市建设用地指标位于 85 ~ 105 m²/ 人，则杭州市每 34000 ~ 42000 人就可设置一处防空专业队工程。

根据《城市居住区规划设计标准》GB 50180—2018，居住区人口规模 30000 ~ 50000 人，居住小区人口规模 10000 ~ 15000 人。居住区一般由若干个居住小区组成。

考虑到杭州作为国家Ⅰ类设防城市，在居住区层面配建防空专业队工程，反之，每个防空专业队工程基本可以服务一个居住区，根据杭州人防工程人均指标要求（1.9 ~ 4.0 m²/ 人），则每个防空专业队工程可以服务的人防工程总量 57000 ~ 120000 m²。

（4）人防工程占比分析

根据《浙江省人民防空专项规划编制导则（试行）》（浙人防办

〔2020〕11号），杭州市作为一类设防城市，医疗救护工程占人防工程2%～5%，防空专业队工程占人防工程7%～10%。根据《人民防空工程战术技术要求》和《人民防空地下室设计规范》GB 50038—2019，医疗救护工程中的救护站建筑面积一般为1200～1500 m^2，防空专业队工程建筑面积一般为2000～5000 m^2，从提升工程使用效率出发，宜按高限配置。人防综合体中的医疗救护工程按救护站核实规模（按1500 m^2 计），防空专业队工程按5000 m^2 计。则以救护站占比推算的人防综合体人防工程规模约30000～75000 m^2，以防空专业队工程占比推算的人防综合体的人防工程规模约50000～72000 m^2。

（5）人防综合体规模建议

根据以上防空专业队工程服务人防工程规模论证、医疗救护工程服务人防工程规模论证和人防工程占比分析，如果人防综合体中配置有一处救护站，人防工程占比分析得出的人防综合体的人防工程规模（30000～75000 m^2）满足一个救护站可服务人防工程总量51000～108000 m^2 的能力，人防综合体最小的人防工程规模可按不小于20000 m^2 核实；如果人防综合体中配置一处防空专业队工程，人防工程占比分析得出的人防综合体的人防工程规模（50000～72000 m^2）满足一个防空专业队工程可服务人防工程总量57000～12000 m^2 的能力，人防综合体最小的人防工程规模可按不小于50000 m^2 核实。

综合以上分析，本研究建议：人防工程规模大于5万 m^2 的人防综合体界定为一类人防综合体，人防工程规模2万～5万 m^2 界定为二类人防综合体。

5. 防护片区与人防综合体的关系

以杭州市为例，根据战时组织指挥的要求，杭州市人民防空专项规划应构建"防空区—防空片—防护片区"的三级防护体系，分别对应杭州市、县市和街道（乡镇）。街道（乡镇）作为战时组织指挥的基本组织，对应防护片区，每个防护片区存在人口规模、建设用地规模等差异，通过分析，防护片区人口规模 1 万 ~ 30 万，建设用地规模 1 ~ 30 km²，人口密度 3000 ~ 50000 人 /km²，不平衡现象明显。根据国土空间总体规划确定的各级城市公共中心体系和城市综合交通规划确定的各类换乘枢纽，各级城市公共中心和各类换乘枢纽所属的防护片区将是未来人防综合体布局的重点区域。

防护片区与人防综合体应为构成同一"点—线—面"系统的防护网络体系（图 2-6）。防护片区以街道为基础，其中人防综合体是防护片区内功能要素最齐全的地下综合体，也是防护片区的核心。人防综合体既包含人防工程中功能要素的融合，也包含地下综合体（平时利用）的综合要素。一个防护片区内部可能没有人防综合体，即存在地下综合体与人防工程无法达到人防综合体的标准。但一旦建设人防综合体，其一定是该防护片区内的核心，并通过廊道与周边地下空间人防工程互连互通，对其他地下综合体、人防工程起到一定的统领作用。

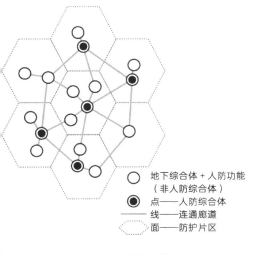

○ 地下综合体 + 人防功能
　（非人防综合体）
◉ 点——人防综合体
— 线——连通廊道
⬭ 面——防护片区

图 2-6　防护片区与人防综合体关系图

2.5　融合式总体研究方向

2.5.1　规划编制体系融合

应建立一个能统筹地上、地下资源，城市地下空间和人防工程融合的规划体系。首先，将地上、地下视为同一个空间；其次，转变规划编制观念，建立符合城市立体化建设要求的城市规划编制体系；最后，根据地下空间及人防工程规划的编制特点，将地下空间和人防工程融合的规划内容贯穿于现行城市规划的各个层面。城市地下空间的平时功能和战时功能有很大差别，而人防工程的平时用途和战时用途也有很大的差别。所以，在城市地下空间规划人防工程的功能时应将满足人防工程的战时功能作为背景和前提，而对平时功能的研究则应成为重点[1]。

独立编制城市地下空间规划和人防工程规划往往会使得地下空间规模、规划范围等不统一。"两规合一"，首先可以做到统一规划范围，在对地下资源的评估和规模预测上保持一致的方法与基础数据；其次在编制时，参考的编制标准和法定体系一致，规划编制深度和建设要求统一，这更加有利于规划的实施。

现行城市规划体系分为总体规划、专项规划和详细规划三个层级。控制性详细规划（以下简称"控规"）包括控规通则和地块控规，单元规划则是控规的技术研究支撑。总体规划阶段应包括地下空间和人防工程综合利用规划这一内容，规模较大的城市应对地下空间开发利用进行专题研究；总体规

[1] 韦丽华, 唐军. 城市地下空间与人防工程融合发展利用探索 [J]. 规划师, 2016, 32(5):54-58.

划获批后，各市应单独编制地下空间和人防工程综合利用专项规划，并将其纳入城市单元规划中。在城市单元规划中，将地下空间和人防工程综合利用规划通用性条文内容纳入控规通则中，深化、细化地下空间和人防工程综合利用规划的控制指标。城市中心、副中心和交通枢纽等重点片区，可根据其影响，单独编制地下空间和人防工程综合利用规划。各层级地下空间和人防工程综合利用规划分别承担落实上层次规划要求、协调同层次规划方案、指导下层次规划内容的任务 [23]。

2.5.2　空间布局的融合

统筹地上、地下空间资源，合理布局地下空间各项设施，注重人防工程设施与城市建设融合式发展，注重地下空间平战功能的转换，完善人防工程平时功能和战时功能。统筹城市地下空间总体布局和综合利用，实现平时经济、环境与交通效益一体化，构建战时互联互通、防空设施完善的地下空间网络 [24]。

2.5.3　人防综合体工程建设的融合

城市地下人防工程主要体现战时功能，平时作为城市地下空间，但利用效率较低。国家实施人民防空改革，推进人民防空建设与经济建设融合发展，必然促使城市地下空间的开发利用与人防工程融合发展，真正实现平战结合。同时，融合式发展有利于挖潜土地存量，是推进节约集约用地的必然选择，是缓解城市快速发展中交通、环境等各类矛盾的有效途径，是引导城市人防等防灾工程建设、完善地下防护空间体系、提高城市综合防灾抗毁能力的重要举措，是遵循城市经济发展与城市地下空间开发规律的客观需要 [24]。

[23] 赫磊，戴慎志，束昱. 城市地下空间规划编制若干问题的探讨 [J]. 地下空间与工程学报 ,2011,7(5):825-829.

[24] 陈誉瑾. 人防工程平战结合设计浅谈 [J]. 广州建筑 ,2011,39(3):7-9.

1. 注重综合利用、总体布局

在确定地下空间综合利用规划建设的重点内容后，地下空间和人防工程综合利用规划基本形成以城市轨道交通网络或城市主要交通廊道为骨架，以地下轨道线路、地下道路为人防疏散干道，以城市中心、副中心、高强度商业（金融）区、综合交通枢纽为重点区域，以轨道站点、城市绿地广场以及大型公共设施等为节点的结构。同时，构建平时交通、环境、经济效益一体化模式，战时互连互通，防空设施完善的平战结合地下空间网络[24]。

以平时战时一体化、防空防灾一体化、地上地下一体化、地下空间网络化为原则，形成"点—线—面"的防护片区人防综合体发展模式。"点"指人防综合体的综合利用，是地下防护片区体系的核心元素；"面"指互连互通的地下空间防护片区；通过城市地铁、隧道、地下快速路等地下干道"线"的连接，形成的地下防护空间系统。

2. 人防综合体工程建设的融合

结合城市交通枢纽、城市重点建设地区、重要轨道交通节点、新区公园广场建设地下交通枢纽综合体、地下商业综合体、商务文化娱乐综合体，以人防工程标准或兼顾设防的标准进行建设，战时用于人员掩蔽、物资储备；以人防工程标准或兼顾设防的标准建设地下商业街，注重与周边普通地下空间及人防工程连通；将普通地下空间与人防工程、轨道站点与地面人流节点空间连通，互连通道平时为交通通道，局部节点以商业开发为主，形成地下人防工程网络，战时用作疏散通道。

1）地下综合体

[24] 陈誉瑾. 人防工程平战结合设计浅谈 [J]. 广州建筑 ,2011,39(3):7-9.

包括商务办公区地下综合体、商业中心区地下综合体、文娱设施地下综合体、交通枢纽地下综合体和城市节点 [25]。

（1）商务办公区地下综合体。结合高层建筑地下部分，以人防工程或兼顾设防标准建设、开发与利用地下空间，用作停车库、设备用房及商业服务设施，战时用于人员掩蔽、物资储备；地下一层相互连通，形成地下人防互连通道。

（2）商业中心区地下综合体。大力发展建设地下综合体，以地下互连通道将地面上各个商业网点连通，形成地下商业网络；兼顾人防建设，战时用作区域内人防疏散干道；规划中加强与公共交通的接驳换乘。

（3）文娱设施地下综合体。地下建设公共人员掩蔽工程、专业队工程等人防设施，平时主要解决停车问题，适当引入文化娱乐、商业设施，以安全、有效地疏散大规模人流为主。

（4）交通枢纽地下综合体。以交通枢纽交通畅通为目标，通过建设地下步行通道连接地下停车场、地铁站点、公交枢纽站和地下公共服务设施，适当发展商业、文化娱乐等公共服务设施，战时用于人员掩蔽、物资储备。

（5）城市节点，指地下换乘站点或者组团中心的地下综合体，通过地下步行通道连接周边的商业设施，并与地铁站相连，战时有利于疏散周边公共服务设施的人流。

2）地下互连通道
包括不同权属地下空间之间的互连通道、道路退界区域地下空间的互连

25] 韦丽华，唐军. 城市地下空间与人防工程融合发展利用探索 [J]. 规划师 ,2016,32(5):54-58.

通道、与地下交通节点间的互连通道，是完成上述人防综合体必需的条件和必要的保障[25]。

（1）不同权属地下空间之间的互连通道。不同权属的地下停车、地下商业等地下空间之间的互连通道由政府主导建设或鼓励业主单位建设。互连通道所有权归投资方，平时由业主单位负责运营管理，战时由政府接管。

（2）道路退界区域地下空间的互连通道。对于城市新区、成片改造区，规划在城市次干道、支路一侧或两侧滚动建设片区间的地下互联干道；建筑退让道路红线区域由业主单位在其地下建筑沿道路方向外侧建设地下通道，并与主体地下空间连为一体，通道两端预留接口；各通道连接段由政府主导建设或鼓励相邻业主单位建设。

（3）与地下交通节点间的互连通道。在地铁站、换乘枢纽等地下交通节点附近，城市综合体建设同期，由业主单位建设地下互连通道；地下通道产权属于业主单位，由业主单位进行日常管理和维护；通道宽度可适当加宽增加商业、文化娱乐和餐饮等设施，经营权归业主单位；战时或防灾避难时由政府接管，用于城市安全防护。

2.5.4 人防综合体实施管控的融合

1. 提出具有可操作性的地下空间综合利用标准

为便于地下空间及人防工程控制管理，地下空间综合利用规划采用管理单元的模式将其纳入城市控规通则和地块控规中，作为土地出让条件，指导城市地下空间和人防工程建设。管理单元划分与地面城市规划单元一致，地

[25] 韦丽华,唐军.城市地下空间与人防工程融合发展利用探索[J].规划师,2016,32(5):54-58.

下空间及人防工程建设各项指标和控制要求均在管理单元内落实，便于地上、地下统一管理。

统筹考虑城市行政区划、城市结构、地块功能、建设强度、地下空间开发、人防工程、城市交通和轨道交通等因素，采用"一张图＋一张表"的形式，对各管理单元进行地下空间和人防工程建设的引导控制，以达到对下一层面的地下空间、人防工程规划内容提出规划设计条件要求，使得规划更有针对性，可操作性更强。"一张图"首先划定各管理单元地下空间综合利用禁建区、限建区和适建区。在适建区内提出综合利用建设强度分区，地下用地性质控制、平时设施和战时设施布局；"一张表"提出地下空间暨人防工程建设量、开发强度、开发深度控制指引，综合利用设施规模刚性、半刚性、弹性控制内容及平战转换功能指引，地下空间历史文物与环境指引、开发模式及实施建议等内容。

2. 建立"融合两规"实施机制

借鉴当前国内"多规合一"的工作组织模式，建议形成"一个空间蓝图、一个信息平台、一个协调机制、一个审批流程"的实施机制。"一个空间蓝图"指通过多轮梳理、对接，形成地下空间综合利用一张规划蓝图；"一个信息平台"指构建统一技术平台，将地下空间、人防工程信息汇总在一个城市信息平台上，并在这个信息平台上建立一整套项目协作流程，形成统一的政策平台；"一个协调机制"指政府统筹，市区联动，多部门参与；"一个审批流程"包括组织形成"城市地下空间暨人防工程联合审查制度"，按照"整合流程、一门受理、并联审批、信息共享、限时办结"的要求，提高行政效率。

3. 完善地下空间综合利用立法，加强运维管理标准规范制定

建议城市地下空间综合利用规划由城市人民政府批准后，结合研究制定《城市地下空间暨人防工程综合利用管理办法》和《城市人防工程建设使用维护管理办法》，明确地下空间土地出让、产权制度、规划、建设管理、资金筹措、优惠政策等实施细则，细化地下人防工程建设管理、产权管理、维护管理、使用管理与推进制度等实施建议。

2.6　本章小结

研究将防护片区定义为：防空区内部的片区，一般与街道（乡镇）相对应，由一个或若干个防空单元组成，每个防空单元由城市控制性详细规划管理单元中的若干个街区组成。

研究将人防综合体定义为：以城市综合体为基础，将商业、城市交通、市政设施等地下综合体功能有机结合，且与战时人防功能融合集成建设，并具有一定等级人防规模要求的大型公共地下空间设施。

研究将人防综合体从功能结构上分成了单体式和多体连通式两类，并对人防综合体提出了 5 个必要条件，包含布局、选址、规模、功能、连通 5 个方面的限定标准，作为人防综合体的准入门槛最低要求。

防护片区与人防综合体应为构成同一"点—线—面"系统的防护网络体系。防护片区以街道为基础，其中人防综合体是防护片区内功能要素最齐全的地下综合体，也是防护片区的核心。一个防护片区内部可能没有人防综合体，即达不到人防综合体的准入门槛，但人防综合体一定是该防护片区内的核心。

第 3 章　人防综合体开发利用研究

3.1　防护片区融合式人防综合体的整体空间体系

3.1.1　"点—线—面"空间体系

以人防综合体为点、以通道廊道为线、以片区为面，构建人防综合体"点—线—面"空间体系。

"点"指人防综合体本身。人防综合体是防护片区的落脚点，也是本书的重点。它既可以布局在城市中心、大型广场、交通枢纽、轨道车站、大型商业区、商务区等城市重点地段，也可以布局在大型公共服务设施、未来社区等地段。其中位于城市重点地段的人防综合体必须覆盖全要素。

本书主要对人防综合体的功能、防护要求与防护标准、平战结合技术要求展开研究。包含但不限于：人防综合体的分类，人防综合体防护体系的构成；人防综合体的规划设计标准、建设标准、使用和维护管理标准，不同类型人防综合体的设防标准；人防综合体平战结合技术措施等内容。

"线"指线状的人防连通走廊。连通走廊可分为城市级和区域级两个等级：城市级走廊包括地下轨道交通和综合管廊，其本身具有长度大、通行能力强的特点，可串联起不同的人防片区。区域级廊道主要是相邻片区之间或各综合体之间建设的连通走廊，是对城市级廊道的补充。两级廊道共同构成城市人防网络。

"面"指防护片区。防护片区也可分为两个等级：有重点防护目标的街区为一级防护片区，其余为二级防护片区。其中，有条件的一级防护片区可在片区内推广到每户。

研究通过以点带面、串线成网的方式，梳理综合体与防护片区、连通走廊三者的关系，通过人防综合体带动整个片区的人防工程建设发展。最终，形成全要素、全周期、全时段、全场景综合的防护片区融合式人防综合体体系。

3.1.2　防护片区规划和划分——以杭州市为例

结合杭州市域国土空间规划结构，围绕人民防空主责主业，立足备战打仗，构建以市域城镇空间为支撑的人员防护格局和以蓝绿空间为基地的人防疏散格局，建立"一主六副串三城，三江一湖系两脉"的城市总体防护格局，形成适应现代战争人民防空要求的强大高效的现代化人民防空体系。

"一主"：为杭州城市主城区，上城、拱墅、西湖、滨江四区及余杭、萧山、钱塘、临平紧密联动的重点核心板块，为杭州人民防空防护核心。

"六副"：为紧邻主城的六个重点防护副城，分别是萧山、钱塘、余杭、临平、富阳、临安。

"三城"：为郊区三个防护新城，分别是桐庐、建德、淳安。

"三江"：指钱塘江、富春江、新安江。

"一湖"：指千岛湖。

"两脉"：包括白济山—天目山、千里岗—龙门山南北两支大型山脉。

根据战时构建市、县（区）、街道（乡镇）及重要经济目标的组织指挥体系的需要，结合城区及街道（乡镇）行政区划、自然地形、道路交通及人防工程分布情况，构建"防空区—防空片—防护片区"三级防护体系，防空区与区县级区划相对应，防护片区（防空单元）与街道（乡镇）相对应，防空片由一个或若干个防护片区组成。市区形成 10 个防空区，52 个防空片，138 个防护片区。

基于信息化战争精确打击的防护背景，按照城市防护与重要经济目标防护并重的原则，突出重要经济目标及城市中心区、人口密集区、商业繁华区和重要经济目标毗连区的防护。综合考虑各街道（乡镇）、人口密度、重要经济目标数量及人防重点镇等要素，确定人民防空重点防护片区和一般防护片区。通过综合考量，按满足以下条件之一的街道（乡镇）均纳入人民防空重点防护片区，其他为一般防护片区。具体条件如下：

（1）街道（乡镇）人口规模 10 万人以上；

（2）街道（乡镇）内人口密度大于 7000 人 /km^2（为全市平均数），且街道（乡镇）内有目标；

（3）街道（乡镇）内的重要经济目标数量大于 3 个（含）；

（4）省人防重点镇。

在以上 4 个条件中，同时具备前三个条件的街道（乡镇）有 17 个，为上城区的四季青街道、九堡街道、笕桥街道，拱墅区的半山街道，西湖区的西溪街道，滨江区的浦沿街道、长河街道，萧山区的宁围街道、新街街道、蜀山街道、新塘街道、义桥镇，临平区的南苑街道、运河街道，富阳区的富春街道，临安区的锦城街道，为规划重点防护片区中的重中之重。

结合防护片区中主要人防综合体涉及类型，本研究将杭州重点防护片区分为以下三类。

一是以区域重点建设区（公共中心）防护为导向的重点片区。杭州市中心城区内主要包括钱江新城核心区、钱江新城二期、三江汇地区（未来城市实践区）、云城地区、大城北重点建设区、城西科创大走廊南湖重点区域、秦望地区、城东新城、会展新城等，各县市要结合当地重点开发区域谋划人防综合体项目，通过人防综合体项目融合连通重点区域地下空间，提升重点区域地下空间的人防与地下空间治理水平。

钱江新城核心区（图 3-1）：包含杭州国际中心、核心区地下互连互通完善等。

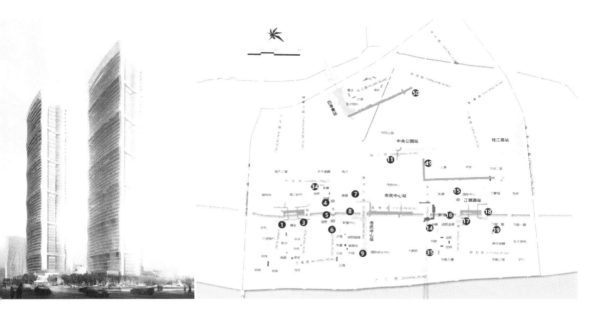

图 3-1　钱江新城核心区

云城地区（图3-2）：成片统筹一体化开发。

重点包括西站枢纽及南北综合体、杭腾未来社区、双铁（国铁和城铁）上盖区域、长三角科创文旅中心、融创冰雪世界项目综合体等子项。

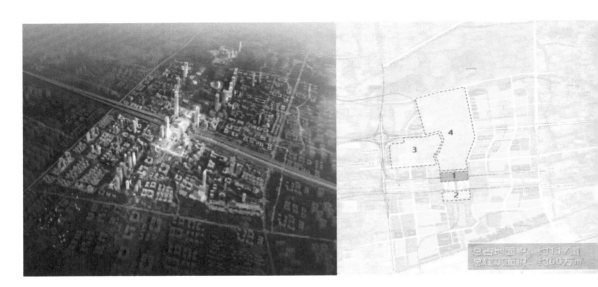

图 3-2　云城地区

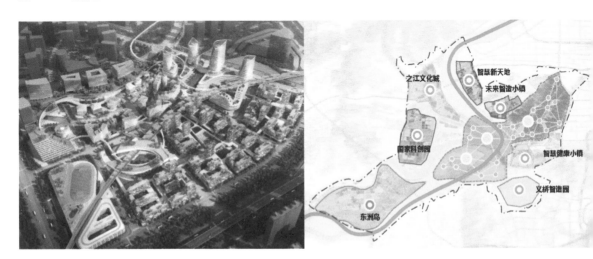

图 3-3　三江汇地区

三江汇地区（未来城市实践区）（图 3-3）：统筹一体化开发，重点建设之江文化城和智慧新天地两个片区。

主要包括之江未来社区、智慧新天地四地块地下空间联建、之江西投银泰城多地块地下空间联建、地铁 6 号线之浦路站与浙江省之江文化中心等周边用地连通通道项目等子项。

二是以轨道交通 TOD 综合利用防护为导向的重点片区。以枢纽级、城市级、星城级轨道交通 TOD 综合利用项目为重点，结合人防综合体用地规模和人防工程建设规模要求，以轨道交通 TOD 综合利用核心区为用地范围，选取一批轨道交通 TOD 综合利用人防综合体开展建设，如轨道交通星桥车辆段、勾庄车辆段、盈中车辆段、丰北停车场、杭钢地铁站点等项目，优化完善 TOD 核心区内各类人防设施功能，推进地铁等地下通道、综合管廊、地下枢纽等设施落实兼顾人防要求。实现重要人防工程以及地铁等交通干道周边的大型地下综合体互连互通，促进防护空间连片成网，提高重点防护片区的综合防护水平。

连堡丰城（图 3-4）——含御道站、五堡站、六堡站、七堡老街站站城一体化开发。

三是以未来社区防护为导向的重点片区。未来社区是以满足人民美好生活向往为根本目的的人民社区，是围绕社区全生活链服务需求，以人本化、生态化、数字化为价值导向，将人防各类功能融入未来社区邻里、教育、健康、创业、建筑、交通、低碳、服务和治理九大场景创新为引领的新型城市功能单元，推动未来社区人防工程互联互通及集中连片建设，制定人防工程之间、与其他地下工程之间互联互通的政策措施[1]。重点打造始版桥社区、

1] 朱勇，徐勤怀，陈力．浅谈"未来社区"的规划新理念新模式 [C]// 面向高质量发展的空间治理——2021 中国城市规划年会论文集（19 住房与社区规划），2021:614-622.

杭腾社区、云帆社区、之江社区、亚运社区等未来社区人防综合体，打造拥有全方位人防防护能力的"安心未来社区"。

望江新城圈层（图3-5）——杭政储出［2019］41号地（新世界K11商城）、城站东广场及商务地块、始版桥未来社区等。

一般片区：一般性建设管控区域，按照地上功能差异，依据规范和导则要求实施建设。

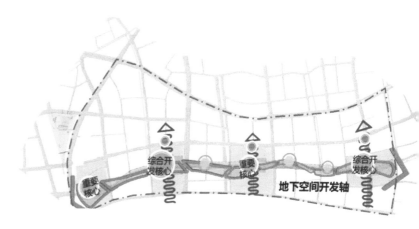

图 3-4 连堡丰城

图 3-5　望江新城

3.2   人防综合体的分类分级

要在防护能力满足要求的前提下让工程高效安全运转起来，发挥人防综合合体的战时防护功能资源潜力。人防综合体是根据平时使用功能的综合性和多样化的特点，建立起规模较大、功能综合、体系完备的战时地下人防综合项目，分以下几种类别：

（1）以大型公共建筑为导向的人防综合体：主要结合大型商业综合体、交通场站或多线换乘地铁站的地下空间进行打造，以指挥功能、人员掩蔽、物资储备为主，如杭州西站及南北综合体、秦望综合体等。

（2）以大型居住社区为导向的人防综合体：主要结合未来社区进行打造，以指挥功能、医疗功能、专业力量为主，如始版桥未来社区、杭腾未来社区等。

（3）与城市公园绿地结合的人防综合体：主要利用大型城市公园进行打造，以人员掩蔽、物资储备、专业力量为主，如未来科技城中央公园、迪堡丰城等。

为了进一步加强对人防综合体的管控，研究从城市的防护等级出发，将人防综合体分为一类人防综合体与二类人防综合体。根据人防综合体的功能规模等要素，将一类人防综合体分为大型、中型两级，其中大型人防综合体必须和轨道交通站点互连互通。二类人防综合体为小型一级（见附表4）。

3.3　人防综合体内各类要素的融合

3.3.1　功能要素

人防综合体需要保持与地下交通廊道线路有快捷、方便的联系，同时应包括商业、文化与健康、生活、交通等功能，并要融合人防功能要素，形成"五位一体"的功能要素（图 3-6）。所以，功能分区合理，特别是竖向的功能分区，对人防综合体的空间组织非常重要。此外，由于人在封闭的地下环境中，无法通过周围环境的变化来辨别方向、不能确定自己的位置从而产生恐惧感，这是地下综合体中需要着重解决的问题。因此，明确的功能分区对于地下综合体建立空间秩序感，帮助人们认知环境，改善人们的心理感受，有很重要的现实意义。清楚明晰的空间布局也有利于防火疏散。

1. 商业功能

地下空间开发需要大量的财力来支持，而实际项目经常以交通功能为主导来进行。但是交通设施作为城市基础设施，投资回报率很低，导致单纯依靠交通设施的经营收益无法获得理想的投资回收（停车库经济收入低，公共地下通道无收入），因此，开发商业增加经营收益成为地下综合体开发的经济依托。

地下综合体中的商业功能可以带来高额利润，不仅可以弥补交通设施的经营收益不足，而且有可能在一定时期内收回投资。目前国内可资参考的商

图 3-6　人防综合体功能要素

业地下综合体效费比测算的案例极少。根据日本东京八重洲地下街的案例分析，用 10 年左右时间可以收回建设投资。从日本大多数地下街经营情况看，8 ~ 10 年收回建设投资是比较普遍的。地下综合体商业功能一旦形成，就能有很好的经济效益和社会效益，能够有效解决地下综合体建设投资问题，并能促进城市中心区的繁荣、提高城市土地利用效率。

2. 文化与健康功能

现代城市的中心区是一个综合性服务业聚集区，服务业的大量聚集推动了商业商务功能的繁荣，同时也发展了文化与健康功能。休闲娱乐功能常常是与商业商务功能相伴而生，人防综合体向文化与健康功能的拓展，可以进一步丰富人防综合体中的服务业类型。文化与健康功能还能在平战结合利用中起到关键作用，在战时保障掩蔽人员的文化生活与健康状况，有利于掩蔽人员的长期生存。

3. 交通功能

交通功能在地下综合体的多种功能中常常是首要的。现代大城市要想高效率运转就需要有足够的交通空间作为保障，而城市地面交通已经占用了宝贵的城市用地，所以向地下发展交通空间成为开发地下空间的原始动机，开发地下交通空间促进了其他类型地下功能空间的开发，所以，以地下交通功能为主导的地下综合体开发模式成为许多城市中地下综合体开发的重要模式。

3.3.2　空间设计要素

公共空间的设计在现代建筑中越来越重要。对地下综合体来说，入口空间、中庭空间和室内步行商业街的设计最能影响空间的感受和个性，它们是公众交通与交流的空间，是整个地下综合体空间的骨架。因此可以认为，大型地下综合体的空间设计，最重要的就是公共空间的设计 [2]。

3.3.3　心理环境要素

与地面建筑相比，人在地下建筑中面临的心理问题是最主要的设计障碍。通过空间布局来改善人在地下时的心理环境是地下综合体设计的重点。因此，在地下综合体的设计中，应该创造易于理解的空间布局，加强空间的方向感，使人能够把握整个空间的模式，并努力创造清晰的形象，来弥补外部景象的不足造成的空间单一性，丰富室内空间，增强空间的可识别性 [3]。

[2] 蒋宇. 城市综合体地下公共关联空间设计研究 [D]. 北京：北京建筑大学 ,2020.

[3] 田育民. 空间异质性对城市交通枢纽地下空间组织的影响研究 [D]. 成都：西南交通大学 ,2015.

3.4 人防综合体在规划、设计、建设等各阶段的融合式利用

人防工程是城市地下空间开发利用的重要载体，人防工程建设融入城市地下空间开发是一个系统工程，要统筹建设地上与地下市政公用设施，制定地下空间开发利用规划，协调推进轨道交通、人防工程、地下综合体和地下综合管廊建设[4]。作为城市人防重要节点的人防综合体，由于其具有规模超大、功能综合、公共使用、要素多样、平战融合、配套齐全等特征，又因为其结合了人防功能、综合商业、轨道交通、市政道路、公用设施等多重功能，应在项目的前期规划与设计、中期建设与验收、后期使用与维护各阶段充分考虑平战融合、军民融合、设施融合的因素，以创新发展的思路构建"规划—建设—管理"全过程机制。以综合效益为导向，研究与解决人防综合体"融什么"和"怎么融"的问题，实现战备效益、社会效益、经济效益和环境效益多赢。

3.4.1 规划与设计阶段

（1）合理划分防护分区，在规划上衔接城市的人防专项规划，在城市中找到自身的防护重点及战时功能定位。由于大型城市地下综合体是各城市的重点公共工程，工程的重要性不言而喻。这就要求城市地下综合体在进行设计时，需先结合城市的人防工程管理规定及城市的人防工程总体规划，明确人防工程的面积及战时的防护功能；再结合该城市地下综合体的功能设置、空间分布情况，合理地确定人防工程的位置；最后，结合平时使用功能的分区及防火分区的划分，合理、经济和有效地进行人防工程的防护设计。

[4] 蔡忠坤．人防工程建设与城市地下空间开发利用的思考 [J]. 冶金丛刊，2017(1):2.

（2）人防综合体规划设计与城市规划深度融合，进行"一体化"设计。如将城市整治工程、城市综合体工程、道路拓宽工程及地下管线敷设等通盘考虑，将地下商业连点成面、与轨道交通无缝衔接，区域人流组织安全畅通。设计智能化管理控制服务系统，在提高地下空间舒适性的同时，提高运营效率，节约运营能耗，使整个地下空间达到绿色建筑的要求。

（3）人防综合体规划设计与城市综合体、地下空间的现状、发展趋势深度结合。人防综合体并不是一个孤立的系统，必须依托城市综合体、地下空间而存在。2008 年杭州市首次提出"建设 100 个城市综合体"的计划，并分别于 2009 年和 2010 年颁布了《杭州市城市综合体规划建设管理导则（试行）》和《杭州市城市综合体规划管理技术规定（试行）》对城市综合体的规划建设提供了技术标准。截至 2020 年底，杭州市已开业城市综合体 99 家，商业总面积供应量超过 700 万 m^2。杭州的城市综合体有 4 类，主要为交通类综合体、商贸办公类综合体、旅游类综合体和物流类综合体。人防综合体在规划建设时，需要结合城市综合体的类型和平时的主导功能，对主要人防功能进行考虑，以便达到平战功能的融合和平战转换的时效性。同时也要遵循城市综合体相关技术标准，在现有标准的基础上对人防综合体进行合理的选址与规划建设。

城市综合体是城市发展的点状引擎，地下空间作为城市综合体开发的重要组成部分，是实现城市土地资源集约化利用和环境品质提升的有效途径之一。根据《杭州市城市地下空间开发利用专项规划（2012—2020）》，杭州规划的地下综合体主要有：两核，钱江世纪城、城东新城；六区，下沙新城核心区、之江新城核心区、运河新城核心区、城北新城核心区、临平新城核心区、铁路南站枢纽地区；多区域，其他重点建设地区和重点改善地区开发建设地下空间的区域，包括钱江新城二期、钱江科技城、星桥新城、三墩北地区、地铁七堡车辆段综合体等。随着城市的发展，地下综合体越来越多，其综合防灾问题日益突出。由于地下空间的封闭性，以及综合体的复杂性，人员疏散困难，实施救援的难度也高，灾害事故扩展和蔓延的可能性大，一旦发生事故和战争，极易造成灾难性后果。人防综合体作为基于城市综合体和地下综合体与人防功能有机结合，需要结合上述规划中的重要地下综合体进行布局；如为已建综合体，则需要进行人防功能上的补充，使其尽可能符合人防综合体的要求。

（4）加强人防综合体的平战结合设计。人防综合体作为平时应对突发事件，战时掩蔽人员的场所，平面位置应尽量直接或间接与其周边的地铁、地下过街通道、疏散干道等人流大的交通设施相连，以便最大限度地发挥其战备作用；人防综合体应与战时设防的人员疏散通道、物资疏散通道融合利用，平时应将人流、车流、物流通道对接战备的疏散通道，做到转换无误。

（5）布局合理的人防设施。根据战时功能定位，布局满足城市防护求的人防设施，完善保护重要经济目标的社会任务。

（6）地下建筑科技化。注重建筑的科技化创新，如引入"阳光谷"技术（图 3-7）、绿建技术、BIM 技术等多种方式提高地下空间的安全性和舒适性、便捷性。例如，在全国首个大型融合式人防综合体福州中防万宝城项目中大量运用了"阳光谷"技术，融合了平时采光、雨水收集和战时疏散口的功能。

3.4.2　建设与验收阶段

（1）将人防工程建设与地下城市公共空间有机融合并综合开发利用，

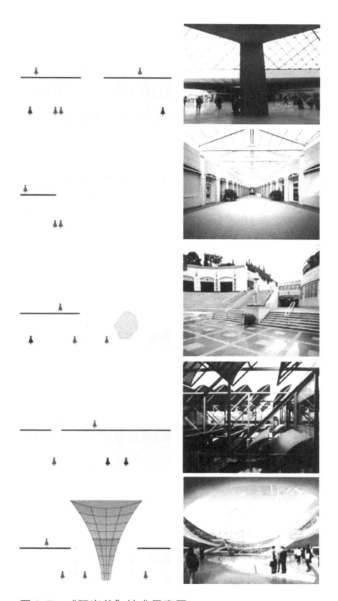

图 3-7 "阳光谷"技术示意图

同步建设、同步验收、同步交付。人防综合体不仅能大大提升城市防空和避灾能力，解决了长期以来 "停车难"的问题，还会助推当地商业的发展。

（2）充分考虑平时和战时使用功能的相似性，以及功能转换的便利性、可行性和易实施性。使平战功能相近或相似，大幅度地减少工程转换量。同时，充分考虑转换技术措施的可实施性和时限性，在满足基本防护要求的基础上，保证其平战功能转换的可靠性、快速性和经济性。

（3）通过 BIM 全生命周期技术应用与先进施工工法的有效介入，优化跨领域地下工程同步设计与施工的技术条件，使市政与交通、商业开发同步设计与实施，从根本上统筹兼顾，实现数据的统一管理与施工的同步协调。

（4）加紧制定人防工程建设与城市地下空间开发的验收标准与制度，使其规范化、法制化发展。

3.4.3　使用维护阶段

（1）建立数字化防控指挥平台，做到战时、灾时指挥体系能即转即用的 "未来治理"场景。未来的运营管理中，实现人防综合体的智能化管理，接入城市人防系统大数据体系，实现融合式人防综合体实时的信息共享。

（2）人防综合体应以流动人员的临时、应急掩蔽为主，以平时使用情况下的商业、交通等物资掩蔽为主，配备必要的战时管理手段。引进新的战时功能 "紧急人员掩蔽部"保障流动人员、待疏散人员的掩蔽，"紧急综合物资库"保障其商业、交通等平时物资掩蔽。同时，根据信息化条件下的局部战争特点，临时掩蔽人员在人防综合体内可适度进行社会活动，如基本的商业购物。因此，在使用维护阶段，人防综合体应保障人员掩蔽空间与储备物资可在战时快速转换，满足战时城市中可短时独立运行的"人防小城"要求。

（3）人员掩蔽工程和物资库工程的土建部分平战转换要求应从严控制，需考虑转换工作量大、需要材料多等因素。一旦不能按要求完成转换，物资及人员将会受到污染，防化问题较为严重。对于设备部分，基于其使用寿命、设备成本、维护费用和对战争的预期等条件，可适当考虑临战前实施平战转换。

3.5 人防综合体的产业化研究

本研究以平时、灾时、战时这三大时段的全时段融合为中心，建立融合式人防综合体场景体系，以强化人防综合体的平时利用、灾时避难、战时掩蔽的产业化内容。研究拟策划商业场景、交通场景、维护场景、智慧场景、疏散场景、服务场景、应急场景、管制场景、转运场景、配套场景十大场景，并对各场景进行产业化方面的深入探索。

3.5.1 商业场景

根据所处区域位置明确人防综合体平时的商业类型；同时考虑兼顾灾时战时的要求，设置商业准入门槛。

1. 人防综合体商业类型——地下综合体、地下商业街、地下商场

人防综合体应在多元化的商业形态中，以便捷的交通、舒适的环境，在满足人们一站式购物需求同时增加体验式消费以及购物、餐饮、休闲、娱乐等功能，成为同时满足市民消费需求与精神需求的综合性商业场所。人防综合体的地下商业空间按照开发和聚集程度可分为三种类型：地下综合体、地下商业街和地下商场。

地下综合体一般与人防综合体融合设计，是集地下商场、超市、餐饮、休闲娱乐、文体及办公、银行等配套服务于一体的大体量建筑。一般位于地

上商业发达、消费人群聚集度高的地区，不仅有效缓解商业核心区域服务的承载压力，还能进一步提升该区域的商业竞争能力。围绕地下综合体，可建立互联互通的地下商业网络，地下商业空间与周边连成一体，地上、地下一体化辐射型发展。地下商业连点成面、与轨道交通无缝衔接，区域人流组织安全畅通，形成集市政道路、轨道交通、商业、地下停车场为一体的大型人防地下综合体（图 3-8）。

地下商业街一般依托地下通道和人防廊道建设，常规形式在通道两侧布置一些门店，形式有下沉式露天型和地下封闭型[5]。由于地下商业街业态主要针对中低收入的消费群体，因此在不同经济实力的地区，地下商业街的运营差异很大。

地下商场一般是地面商场向地下延伸的部分，主要以百货、超市、餐饮为主，是对地上商场服务功能的完善和补充[6]。

人防综合体的商业业态选择受到空间布局和功能的影响，同时必须兼顾人防的功能。其中，地下综合体由于量大面广，可在功能要素齐全的人防综合体予以考虑；地下商业街和地下商场主要以小型商店为主，一般可结合人防战时商业功能设置。

2. 商业功能的平战结合

人防综合体应配置一定比例的战时商业功能，平时可作为地下综合体的一部分使用。作为平战兼顾的商业设施，地下商业街的安全疏散设计应从人的心理规律、行为习惯等方面出发，注重人流疏散路线的合理组织，同时满足防火规范要求。为了避免地下商业街与城市道路下管线穿越的矛盾，地下

[5] 梁晨. 基于商业开发与利用的城市核心区地下空间设计探讨——以广州市珠江新城金穗路北侧地下空间项目为例 [J]. 华中建筑 ,2012,30(7):53-56.

[6] 陈志龙，刘宏. 城市地下空间总体规划 [M]. 南京：东南大学出版社 ,2011.

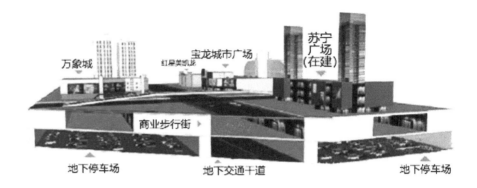

图 3-8　地下商业复合空间示意图

图 3-9　商业步行交通示意图

商业街顶板上方覆土一般在 1.5m 以上；为减少造价，减小埋深，商业街多采用无梁楼盖结构[7]。

　　地下商业街的主要功能是步行交通（图 3-9），应结合地面交通环境，在路口处、人流密集区域设置横向的人行过街道，出入口宜设置自动扶梯；出入口敞开段宽度应小于所处位置人行道宽度的 1/2，与周边建筑距离应满足最小防火间距；有条件的区域，地下商业街应与周边地下空间相连通，地

[7] 丁建华. 城市地下商业街应对火灾事故的安全疏散设计研究 [D]. 哈尔滨：哈尔滨工业大学，2008.

下商业街应设置不少于 2 部垂直电梯，便于残疾人使用和货物搬运。

人防综合体空间有限时，可利用平时楼梯及汽车坡道作为战时口部，保证口部隐蔽性，同时对建筑立面影响较小。为保证战时口部洗消，还需设置战时口部集水坑，主次要口部集水坑设置时，考虑周边是否有平时使用的集水坑，尽量平战合用，减少集水坑的数量，减少平时和战时使用的冲突。

确保人防综合体商业空间的每个防护单元至少有 2 个口部，其中一个主要口部一个次要口部，主要口部需直通室外。

保证人防楼梯数量，如没有空间时，尽量结合平时原有楼梯坡道作为战时主要口部，平时加固处理，并考虑人员掩蔽及物资库在满足规范的前提下，合用一个楼梯或坡道。

5 级以上的高等级区需要单独设置人防口，专业队装备掩蔽部利用平时汽车坡道，坡道净高按轻型车考虑。

3. 战时物资库功能

人防综合体应配置一定比例的战时应急物资库功能，与战时商业功能并设，平时可作为地下商业仓库的一部分使用，同时为战时人防提供物资。地下物资库宜储存生存必需的水、应急食品等物资，供战时使用，并能在战时达到快速转换的要求。应急物资库在布局选择和单元划分上，尽量合用一个楼梯作为主要口部；物资库内部功能应尽量简单，位置选择时可倾向于直通室外口部少的区域来确定，以此来解决不易加楼梯的区域，又能满足人防战时要求。

3.5.2 服务场景

结合人员掩蔽所和物资储备库，为临时掩蔽人员提供适度商业、文化娱乐等服务，解决灾时物资问题。强化城市级走廊和区域级走廊的物流功能，满足片区之间和综合体之间的物流服务需求。

1. 人员掩蔽服务

人员掩蔽是人防综合体最基础的服务，也是战时、灾时不可缺少的一部分。本研究在《人民防空地下室设计规范》GB 50038—2019 人员掩蔽工程面积标准 1 m²/ 人的基础上，对人防综合体的人员掩蔽标准进一步提升。规定人防综合体至少应满足 8000 人的人员掩蔽，人均掩蔽总面积应满足 2 m²/ 人的要求。此外，二等人员掩蔽工程、应急人员掩蔽部的分布应与战时城市留城人口的分布大体一致，其出入口与保障的人员生活区、工作区的距离不大于 800 m。

2. 文化与健康服务

平时地面有图书馆、展示馆、博物馆等文化设施的人防综合体，宜配套地下教育、宣传空间，加强人防工程与人防综合体的宣传。战时、灾时文化与健康服务应结合人防综合体内避难场所设置便民网点，为应对灾难长期化，利用人员掩蔽空间布局健身锻炼、医疗咨询等健康管理功能设施。

战时、灾时公共服务应结合人防综合体设计一站式服务中心，包括社区政务服务、民情联络、义工联络、基层组织联络等。同时应布置智慧运营理中心，包含平台总控室、机房等，应对灾时智慧服务。战时公共服务还应包含医疗救护工程，研究认为，人防综合体的医疗救护工程宜结合地面医院进行建设，平时供地面医院使用（图 3-10）。如无条件实现的，应通过连通通道与周边医院的地下空间进行互连互通。医疗救护工程应至少满足人防救护站标准。

　　人防综合体医疗服务需贯彻"长期准备、重点建设、平灾结合"的方针，坚持人防建设与经济建设协调发展、与城市建设相结合的原则。在人防综合体中，应采取相应措施，使人防医疗工程建设在确保战备效益的前提下，充分发挥社会效益和经济效益。

　　（1）平战转换设计应按照当地人防主管部门的平战转换标准要求，根据防护等级的不同进行设计，一般中心医院和急救医院为抗力 5 级，医疗救护站为抗力 6 级；

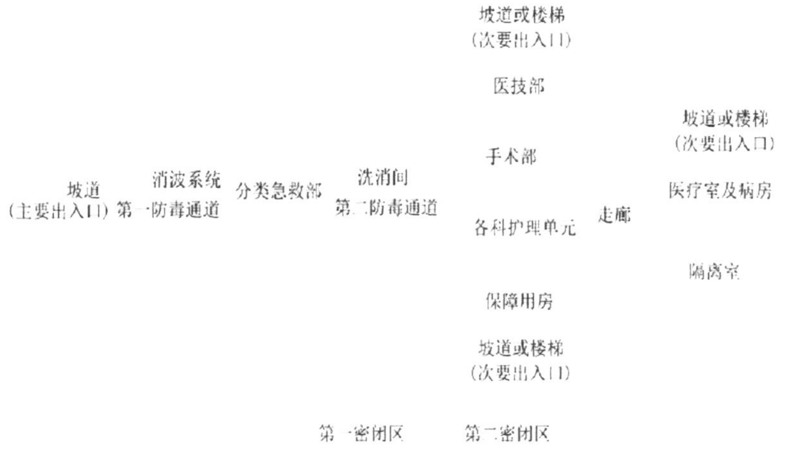

[8] 国家人民防空办公室，人民防空医疗救护工程设计标准:RFJ 005—2011[S]. 北京：中国计划出版社 ,2012.

图 3-10　医疗功能分区示意图 [8]

（2）《人民防空医疗救护工程设计标准》RFJ 005—2011 强制条款中规定的不得预留防护功能平战转换的内容，必须不折不扣地平时施工到位，如孔口防护、核生化防护和防化设备系统、围护结构密闭性系统，医疗部分房间的固定设备[8]；

（3）灾时使用功能宜与平时使用功能相近，方便临战转换，仅救护站由于功能简单，可与使用功能相近的工程如停车库结合设置，中心医院和急救医院宜独立设置，平时设为医院或医疗器材库或备用房；

（4）工程中口部防护功能的转换措施应在 3 日内完成，如关闭人防门、堆砂袋封堵、关闭防护阀门等，医疗使用功能转换措施应在 15 日内完成；

（5）人防医疗工程应尽量靠近医疗救护专业队工程布置，人防医疗救护工程作为骨干工程，灾时能不间断地作业，保证在规定的时限内完成转换任务[9]。

3. 物资供应服务

结合物资库设计的人防综合体应包括粮油食品库、油料库、药品医疗器械库和综合物资库等。粮油食品库储存各种粮食、食用油、肉、速冻食品等生活必需品；油料库储存供战时各种人民防空专业队和区域电站、区域供水站等各种动力设备使用的油料；药品医疗器械库储存药品和医疗器材；综合物资库储存生活日用品和防空专业队的维修设备、器材等。建设目的是保障人员生存物资和防空袭斗争所需物资的安全，保存战争潜力。人民防空物资库应满足防潮、通风、防火等要求[10]。

[8] 国家人民防空办公室，人民防空医疗救护工程设计标准 :RFJ 005—2011[S]. 北京 : 中国计划出版社 ,2012.

[9] 张和平 . 浅谈 "人防医疗救护站" 设计及平战转换措施 [J]. 四川建筑 ,2011,31(4):79-81.

[10] 闵延琴，张春明，刘超等 . 人民防空地下室防护通风设计中的几个问题探讨 [J]. 暖通空调 ,2015,45(9):21-23.

人防综合体配备物资库、应急综合物资库应设置在交通便利区域，战时储备物资应与其他人民防空工程相配套，并宜与附近人员掩蔽工程、应急人员掩蔽部连通。

以秦望综合体为例，如能将部分二等人员掩蔽工程调整为人防物资库和防空专业队工程，将进一步保证秦望综合体及周边秦望商业水街、高品质住宅、秦望广场地铁站受灾避难时的物资供应，对于人防综合体而言，能发挥更大的社会效益和战备效益。

4. 物流通道

未结合物资库设计的人防综合体应与相关物资库建立连通通道，利用不同的交通方式，打造综合体内部—防护片区—通道多级场景，保障灾时物流通道畅通。灾时可引入无人车服务，在无须人类主动操作情况下，车辆能够在道路上自动、安全行驶，进行货物配送。自动行驶功能是指在某一时段内，不需要远程操作与遥控的情况下，主动避障、自动行驶、自动变速、自动刹车、自动检测周围环境、自动转向、自动信号提醒等功能。

3.5.3　交通场景

以"兼顾人民防空的需要"为目标，以"点—线—面"结合为主要形式，突出人防综合体内部步行与静态交通功能，结合智慧交通进行管理。突出人防廊道的交通功能，并结合大型基础设施解决片区间的交通问题。

1. 点——人防综合体内部交通

结合人防综合体项目建设公共地下停车场（库），是解决重点区块静态交通问题的有效途径。同时，大量结建人防工程用于平时停车，并随人口成点状集中，为解决"停车难"问题发挥了巨大作用。

人防综合体停车场的选址应符合城市的总体规划要求与布局，车库规模应按停车当量数确定。在公共设施集中地段，要保证停车场的合理服务半径，车库的服务半径不宜超过 500m，专用停车场场址应设在本单位用地范围以内。地下停车场的出入口应设于城市次干道，不应直接与主干道连接。车辆出入口不应少于 2 个。同时通过统筹车位资源，创新车位共享停车管理机制等，实现 5 分钟取 / 停车的目标。两个相邻防护单元之间应至少设置一个连通口，在连通口的防护单元隔墙两侧应各设置一道密闭门。

人防综合体的智慧停车系统应具备停车引导、智能收费、综合信息服务、信息采集和联网以及安全管理等功能；引入共享停车机制，提高车位利用率；同时需满足智能建筑设计相关标准。人防综合体停车场管理系统与平台的联网通信应支持多种网络方式，数据传输的保密性、时效性和准确性应符合互联网技术要求；停车场管理系统应符合有关的安全管理要求；停车场宜支持一种或多种电子支付方式；停车系统的业务处理能力（如并发数、响应时间等）应符合相关技术要求。

在 5G 应用基础上，推进人防综合体的信息化建设，将地铁实时运营的综合信息、人防综合体内的商业、交通信息进行整合和发布，为用户提供各类乘车线路的实时信息，以及可靠的、及时的交通信息。如当前的地下隧道信息，地下通道位置及导航系统，所查询地铁车站站厅、站台拥挤情况，列车临时调整运行的行车情况等信息，这些信息需要通过 5G 网络实时传送到乘客手机中。因此，信息化建设不仅仅是信息的整合，还涉及实时信息的及时响应，需要多方参与，共同为用户提供实时且精准的停车、行车、客流信息，为市民出行选择提供可靠信息。

2. 线——防护片区内的连通

《中华人民共和国人民防空法》明确规定："城市的地下交通干线以及其他地下工程的建设，应当兼顾人民防空的需要。"城市地下交通干线以及地下工程防空配套设施建设是人防工程建设的重要内容。地下交通干线是指地下公路、地铁、隧道等。其他地下工程是指地下管网和供水、供气、供热、供电、通信等公用基础设施。这些地下设施建设时，都要根据人民防空建设的需要，修建人民防空所需要的配套工程。

作为防护片区融合式人防综合体的重要环节，人防综合体与相邻人防之间、人防综合体与其他地下工程之间应互相连通，或者在适当位置预留地下连通口。其中，连通通道面积可计入应建人防工程面积。其中，有条件的城市通过城市地下交通干线建设兼顾人民防空要求形成城市人民防空交通干道，人防综合体工程应与人民防空交通干（支）道连通。

3. 面——防护片区之间交通

人防综合体与地铁地下车站、地下快速路、大型综合管廊之间，应规划预留连接通道，并相互连通，满足相邻防护片区之间的战时人员疏散转移和战时物资转移要求。地下市政道路部分可作为防空专业队装备掩蔽工程、人防汽车库或应急车辆掩蔽部工程。

4. 点—线—面交通综合

（1）将地面交通枢纽与地下交通枢纽有机结合，形成多维便捷的立体交通体系。合理解决车流、人流在区域内的运转。人防综合体往往设置在城市发展的核心区，在配套交通体系上应充分考虑足够的地下停车位（包含公共停车位），并在对流线分析的基础上合理设置人行通道、地上地下车行通道，形成立体复合交通网络。

（2）进行高效复合的地铁综合开发。结合地铁站及区间进行一体化设计及施工，区间采用全盾构方案下穿地下空间。地铁站厅层、站台层分别与地下一层、地下二层功能空间无缝连接。

3.5.4　维护场景

依托数据平台，对人防综合体的建筑结构、通风系统、密闭设施、控制设备等硬件设备进行实时监测和定期检查，开展常态化、精细化管理。

1. 建筑结构维护管理

（1）口部外土建工程维护管理

口部外道路应该定期修整，保持路基完好，路面平整无凹陷。出入口敞开段与地坪接触的部分应高出地坪，并保持一定的排水坡度，应设纵向和横向排水沟，防止雨水倒灌。对于城市低洼地带的人防综合体，在汛期应构筑必要的排水系统或防洪堤坝，汛前应进行临时封堵，也可在口部通道安装新型全自动式防洪闸，以防止雨水倒灌。定期组织检查通风井、排烟井、人员进出竖井等各种井道的挡雨盖板。做好各种沟、槽、池的清淤工作，防止积水积泥。做好口部伪装建（构）筑物的维护和伪装植被的养护，提高口部伪装效果[11]。

（2）土建施工与维护管理

在工程建设过程中，要严格按图施工，不得随意变更施工图纸；在管道预埋碰撞的地方要及时与设计单位沟通处置；注重钢筋的布置间距和绑扎质量，严格按照规划和设计要求布置 S 形的拉结筋；对剪力墙角与顶板交会处等钢筋布置较密的部分要特别注意混凝土的浇筑振捣质量，否则极易形成蜂窝麻面、保护层厚度不足、露筋的质量通病，影响结构的耐久性。在工程维护管理过程中，依据工程设计图纸和竣工图纸重点对后浇带部位进行检查，防止出现渗漏水情况。对于存在的一般质量通病，由维护管理单位采取表面处治、灌缝、注浆等方法进行修补；对于存在结构安全隐患的问题，应及时请专业检测加固单位进行处理。

（3）渗漏水处理

渗漏水的类型包括渗迹、渗水、垂珠、滴漏、连续渗流等五类。在渗漏水的治理总体思路中，不同于工程前期设计施工阶段"防排并重"的原则，后期维护管理阶段治理讲究"以堵为主，排水为辅"，采取的主要治理方法包括柔性防水和刚性防水。在实际工作过程中，主要是定期检查人防工程的关键部位和易渗漏的位置，做好防水堵漏的工作方案[12]。

2. 采光通风系统维护管理

[11] 凌必山.《人民防空工程维护管理技术规程》简介及对人防工程维护管理现状的探讨[J]. 城市建设理论研究（电子版），2018(27):204.

[12] 何思渊. 湖南省人防工程维护管理方法及其应用研究 [D]. 长沙：湖南大学，2018.

（1）确保人防综合体采光。人防综合体在平时功能中采用至少1处下沉广场、采光顶、阳光谷等技术，保证地下空间采光。

（2）确保人防工程内外的通风换气。为保证人员在地下工程内正常生存，应向工程中输送新鲜的空气，稀释并排除工程内有害气体。战时的通风换气应设置专门的机械通风系统。

（3）保证人防工程内人员的集体防护。在战时敌人袭击的情况下，大气中将有大量的放射性灰尘，它们以气溶胶的形式悬浮在大气中，较长时间不能消散，且有持久性。因此，人防工程往往需要在大气染毒和放射性污染严重的情况下通风换气，从而必须解决进气的滤毒、消除放射性污染等问题。为防止外界染毒空气沿着地下的各种缝隙和孔洞自然渗透，防止随人员出入而侵入工程内部，通常采用控制进排风量的方法以保证工程内部超压，并保证出入口防毒通道由内向外排风。

（4）保证人防工程内空气的温湿度，创造人员能长期生活、工作，设备能正常运转的空气环境[13]。

3. 密闭设施维护管理

根据国家人民防空办公室编印的行业标准图集《人民防空工程防护设备选用图集》RFJ 01—2008，基于维护管理的目的，为便于统一管理编码，根据材料构成的不同，宜将防护设备划分为钢筋混凝土门、钢结构门、密闭观察窗（玻璃）三种类型。其中，密闭观察窗由于结构简单，从维护管理技术探讨的角度来看，无须单独设置一类。对于钢筋混凝土门、钢结构门和电挡门，这三类门结构形式基本一致，均由门扇、门框、铰页、闭锁和密闭胶条

[13] 冯萍. 城市地下空间开发与城市防灾减灾[J]. 建筑技术,2020,51(2):175-177.

组成。关于门扇、门框，主要是定期对局部碰坏的部位用高强度等级水泥砂浆修补；门扇钢框和表面应定期重新涂刷一次油漆防止锈蚀。关于铰页、闭锁，主要是闭锁定位装置和锁紧螺母应调整适宜，不得过松或过紧；闭锁要定期开启关闭，保持良好的工作状态；每年应定期对铰页、闭锁及其他活动部位加注机油，防止锈蚀。对于密闭胶条，应定期检查其工作性能，确认不出现扭曲或老化现象并定期更换。对于电控门，还需定期进行调试，确保启闭灵活 [14]。

4. 控制设备维护管理

人防综合体的综合监控系统内容包括工程内部视频监控子系统、火灾自动报警子系统和空气质量监测子系统。系统由先进 LonWorks 现场总线分布式智能测控网络实现（图 3-11）。该系统结构清晰，容易扩展，配置灵活，可以根据工程的现实情况设计系统方案，在设计和建设过程中，不需要一次性将所有设备功能一步配置到位，可以分阶段完成，如果以后需要增加新的功能模块，可以直接将它们挂接到现场总线中，完全不会对之前已经建设好并投入使用的系统产生影响，只需要在软件上增加新的子系统或功能模块的界面 [15]。

5. 维护管理能力提升措施

（1）人防综合体维护标准

首先，应制定人防综合体维护的相关标准，尤其是在维护数量、资金保障、维护人员的配置等方面要有明确的规定；其次，要让各级政府在人防综合体维护中负起应有的责任，要制定好人防综合体维护管理的定额标准及操

[14] 王宏 . 对人防工程维护管理的相关研究 [J]. 建材与装饰 ,2019(28):182-183.

[15] 许碧娟 . 城市重点人防工程综合监控系统的研究与应用 [D]. 福州 : 福州大学 ,2017.

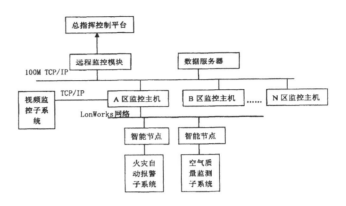

图 3-11   人防综合监控系统示意图 [15]

作实施细则，将不同的维护内容进行分类，明确专业的维护保养公司以及物

业应该承担的责任；最后，在人防综合体的维护和管理中，不但要重视平时

的维护，更重要的是要注意日常的保养，确保人防综合体真正发挥其应有的

作用。

（2）人防综合体维护管理责任主体的明确

人防综合体维护管理所需要的相关费用应该由人防综合体目前的使用者

或者人防综合体的所有权人来承担。在多方共有的情况下，可以由物业公司

代收人防维护管理费，对于人防综合体中的一些重要设备可以采用缴纳维修

基金的方式来实现，在人防综合体建设完工以后，开发商应该根据工程造价

的一定比例向政府缴纳维修基金。在平时要根据人防综合体的实际使用状态

来确定责任主体，如果平时人防综合体是用来租赁的，这部分租赁收入可以

纳入维修基金来管理，同时在人防综合体中违规使用造成的一些处罚收入也

可以并入维修基金。

[15] 许碧娟 . 城市重点人防工程
综合监控系统的研究与应用 [D].
福州：福州大学 ,2017.

（3）人防综合体维护管理的创新

利用互联网大数据信息系统建立人防综合体数据库或者网络信息系统，采用先进的视频监控体系，同时结合网络信息技术强化管理的信息化水平，提升人防综合体维护的科学性和现代化水平。在平时也要做好人防综合体维护的宣传教育工作，让广大市民都能够了解人防知识，认识到人防综合体维护管理的重要作用，宣传方式可以采用微博、公交广告、报纸和电视新闻媒体等，让广大市民能够从自身做起，自觉保护好人防设施，同时也要抵制破坏人防工程的行为。

（4）人防综合体数据平台创新

大型城市地下综合体的功能复合型居多，往往涵盖了综合商业、交通、文娱、市政公用设施等多种使用功能，并且存在着各种功能重叠、空间整合及设备设施综合复杂等情况。这就要求必须依托数据平台，对综合体工程的建筑结构、通风系统、密闭设施、控制设备、人防设备等硬件设备进行实时监测和定期检查，开展常态化、精细化管理。通过大数据可视化平台进行实时全方位视频监控和数据智能分析，设立综合体综合管理中心和专职人员，常态化监控和维护相关重要设施和设备（图 3-12）。

3.5.5　智慧场景

建立智慧人防信息管理系统，积极推进实时数据的统一与完善，推动互联网、大数据、人工智能与人防深度融合。

图 3-12　视频监控和数据智能分析示意图

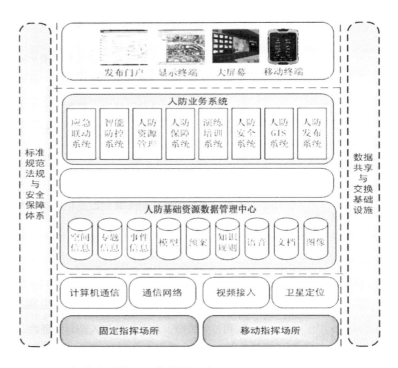

图 3-13　智慧人防管理系统界面示意图

伴随信息化持续快速发展，全球已进入大数据时代。在各类信息化的推动下，人防战备数据是信息、资源和能量的载体，对于组合人防力量体系、支撑指挥决策、决定行动优势具有重大作用。将人防信息纳入城市智慧管理体系中，实现人防指挥通信自动化、辅助决策程序化、控制平台一体化、要素管理智能化，使人防资源更好地实现优化配置和力量整合，进而为整个城市的智能防护提供优质的系统平台和信息保障。"智慧人防"既突出人防特色，自成体系，又要融入智慧城市建设大局，充分运用智慧城市建设发展的新成果（图 3-13）。

1. 人防综合体智能化控制

人防综合体智能化控制的目的是集中管理和一键控制，智能化的方向是让控制系统具备自己的逻辑，可以自动管控（图 3-14）。它所具备的智能

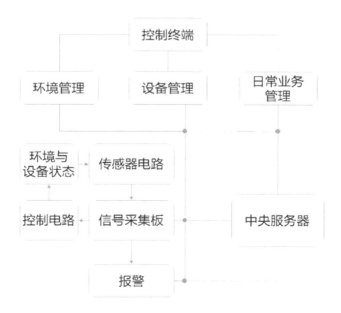

图 3-14　人防综合体智能化控制示意图

化应起到两个作用：一是实现自动化载体，合理经济地利用设备实现自动化所需；二是创造良好、舒适方便的平时使用环境，智能化管理控制整体环境。智能化控制系统主要由信号采集板、控制终端、传感器电路、控制电路、中央服务器组成。人防工程的环境与设备状态数据通过传感器电路传输至信号采集板，信号采集板的输出端与控制电路、控制终端和中央服务器连接，具备报警功能，数据与报警记录存储在中央服务器中[16]。

2. 人防综合体大数据的建立

（1）加快实现人防综合体数据资源整合。人防大数据建设首先需要解决的是数据源头问题，由于数据事关保密，涉及范围广，牵涉部门多，在采集过程中，数据闭塞，必然会导致响应滞后。必须打破信息壁垒，提出促成各部门信息共享的方案。

（2）持续加大人防综合体数据采集力度。要打通现有各层级、各系统、各领域之间的数据通道，必须依托统一大数据平台，搭建一批大数据采集平台，结合政务数据、公共资源数据、企业数据、个人数据等不同数据源的特点，构建多渠道、精准化、实时性的大数据采集体系，掌握丰富的数据资源。

（3）完善推进人防综合体数据共享机制。要完好搭建人防大数据平台，必须建立人防与政府各部门间的数据共享机制。

（4）建立实施有效的人防综合体数据模型。所谓数据模型，就是建立数据可视化，运用基于数据模型的精确思维，建立数据分析模型和一体化联动处理平台。这些模型就好比指挥调度中心，实时地反映问题发展的趋势。通过这些模型，设定防御模型手段，并和其他模型结合起来，达到协同防御

[16] 皇甫汪洋. 人防工程智能化控制系统的设计 [D]. 合肥：合肥工业大学, 2018.

目的。同时，要注意将模型不断更新升级，做到自我学习，自我记忆 [17]。

3. 保障人防综合体通信条件

（1）完善地下行车定位系统及信号

在智慧系统上，杭州市已建成了三级联动的指挥通信保障体系，建成了民防应急指挥网、综合业务网、短波、超短波通信网、卫星通信网、北斗导航定位系统以及移动车载通信网等通信手段。这些手段可被进一步用于平时使用和战时民用系统中，保障个人可在地下行车与停车中进行精准定位，在战时也能通过定位系统和手机定位信号，确保个人生命安全。

（2）保证地下通信网络畅通

地下通信信号及人防综合体内部局域网信号，是平时地下综合体利用的一大关键功能，也是战时人防综合体的生命线之一。人防综合体应切实解决地下通信的盲区问题，在短时间内搭建可靠的无线通信网络，同时覆盖人防综合体全域的局域网，确保灾时、战时所有人员均能获取最新信息和互相联络。

3.5.6 疏散场景

明确人防综合体内疏散点、疏散基地、疏散地域、疏散通道等设施，以应对灾时避难的应急疏散。研究人防连通走廊的疏散能力，并进行合理化布局。

17] 孙小东.浅谈人防大数据的布防[J].中国新通信,2018,20(9):168.

1. 提升疏散工程防护能力

（1）人防部门应按照统一的防护标准，根据法定程序对疏散工程进行审批、设计、验收和管理。一方面，对新建人防综合体严格执行人民防空法的相关要求，对建设项目加大监督与指导力度，保证防护工程按要求竣工验收；另一方面，定期对已建工程尤其是早期人防工程进行查勘、维护甚至改建，消除安全隐患，最大限度将早期单一功能的防空袭工程转变为防核、防化和防常规武器一体化的防护工程，提高城市整体防护能力。

（2）合理布局防护工程。人防综合体疏散工程的设置要遵循分散、就近等原则，便于群众快速疏散，就近疏散。各疏散工程之间要有便于疏散转移的工程干道，用以连接各分散的防护工程，形成完整的人防疏散网。疏散面积要合理配置，疏散面积过大，人口过于集中，易被战争波及，成为被打击对象。

（3）保障工程内设施设备、物资装备要完好、实用。工程管理单位要定期对内部设施进行检查与维护。要科学合理储备工程内部资源，生存必需消耗量大的要多储备；生存需求小、消耗量少的可适当少储存。采取完善的防护与处置措施，防止物资变质或过期，减少不必要的损失。

2. 重视快速疏散能力

灾害的突发性是导致损失与伤害的重要原因，人防综合体要求在极短的时间内完成疏散人口任务，保证人员安全进入防护工程，各专业队随时待命。

（1）明确人防综合体所在的防护片区，保证区域内人员能够快速进入。

平时组织防护片区内的居民进入工程进行演练与参观，操作应急设施设备，熟悉疏散路线与终点，保证疏散行动井然有序。

（2）人防综合体选址要科学合理。选址布局不仅要考虑经济效益与社会效益，更要考虑防护工程的战备效益，选址地点要远离高度危险与重要目标区域，降低工程造价，提升工程防护能力。对于不适宜建设人防综合体的建筑，应易地建设在人口密度高、周围建筑物少的空旷地带，如活动广场、公园附近，既能保证人防工程的建设数量，又能有效为居民提供合理有效的防护。

以连堡丰城为例，连堡丰城具有大规模的地下疏散空间，大面积的下沉广场有利于灾时疏散，但并不利于人防工程的建设。因此，人防综合体应避开此类地下一层的下沉广场，而进一步选择周边地块保证人防工程的建设和互连互通的要求，形成整体化的人防综合体。

（3）商业区域内的人防工程要保证平战功能间的迅速转换。针对不同类型的疏散防护工程，分别制定设计方案，经相关部门设计审核通过后，方可施工建设，严肃惩处只顾平时效益而对工程主体结构进行改动的责任人。工程内部设施设备在满足战备需要的前提下，尽可能使平时与战时的设施设备趋于一致或相近，以此来减少平战转换的项目，缩短转换时间，进而提高疏散效率。

（4）新建人防综合体应设置1处匝道直接从城市道路进入，如有地下环路，应直接与地下环路进行车行连通，通过该形式加快人防车道疏散。

（5）两个相邻防护单元之间应至少设置1个连通口，在连通口的防护单元隔墙两侧应各设置1道密闭门。应急人员掩蔽部战时出入口的门洞净宽之和，应按掩蔽人数每100人不小于0.30m计算确定。应急人防工程通向相邻非人防区的防护密闭通道宽度可计入疏散宽度；通向相邻非人防区的疏散宽度之和不得大于非人防区楼梯间或坡道宽度之和，且每个防护单元通向相邻非人防区的疏散宽度之和不得大于该单元总疏散宽度的1/2[18]。

3.5.7   应急场景

充分利用人防综合体空间，打造应急掩蔽工程，加强应急人员掩蔽部、应急综合物资库、应急车辆掩蔽部、综合管理指挥中心功能建设，提高应急救援的水平。

1. 应急掩蔽工程建设

人防综合体中，除人防工程以外，满足战时或临战紧急条件下人民防空要求的工程称为应急掩蔽工程。按战时功能分为应急人员掩蔽部、应急综合物资库、应急车辆掩蔽部、综合管理指挥中心等功能。

其中，应急人员掩蔽部为战时保障流动人员、待疏散人员及周边服务半径内居民的临时、应急掩蔽场所。应急综合物资库为战时保障流动人员、待疏散人员临时、应急掩蔽期间的必需品、应急救援物资装备储存、转运的应急掩蔽场所。应急车辆掩蔽部平时为车库，战时为车辆、物资等提供临时防护的应急掩蔽场所。

应急人员掩蔽部人均掩蔽面积按 3～5m² 计算；每个防护单元内掩蔽人数不宜超过1400人。每个防护单元内应设置防化值班室、防化器材室、隔

[18] 张友琪. 通辽市人防疏散效率提升对策研究 [D]. 大连：大连海事大学, 2020.

务室、简易洗消间等设施 [19]。

2. 应急救援

人防参与应急救援的定位是综合协调服务，在现阶段应加强人防专业队建设，将人防综合体与综合协调服务的文章做好做足。

（1）综合灾害情况信息。人防综合体在危机管理中要充分体现信息优先原则。随着社会的发展，复合型灾害特点越来越凸现，现行的单一灾害信息采集，已经不能适应复合性灾害救援的需要。人防综合体在应急救援时，完全可以承担综合灾害信息采集工作。在采集次生灾害源的分布情况（如生产、储备、运输、灾害源种类），以及城市道路、运力等基本情况时，平时积累的经验和数据可运用到应急救援中。此外，人防部门也可以借鉴军队在情报搜集整理储存分析上的优势，借鉴军地信息处理平台，缩短信息处理的时间，达到快速准确全面的效果。

（2）综合灾害救援力量信息。人防综合体的管理需要将救援力量的分布状况，如人员、车辆状况、数量、救援特点、所在位置等诸多单元情况综合汇总，当需要承担救援任务时，可以做到心中有数，合理配置救援资源，达到救援力量的最佳组合。

（3）综合灾害救援人员培训情况信息。人防综合体的管理可以综合现有灾害救援力量在培训方面的信息，为政府提供全面准确的救援力量培训情况，合理有效地使用培训资源，降低教育培训的运行成本，提高教育培训资源的综合效益。

[19] 陈劲松. 人防在应急救援中的作用 [J]. 中国人民防空，2007(7):2.

（4）综合预案、评估情况信息。为使应急救援预案做到有的放矢，需要针对各单一灾害救援预案的特点，由人防部门组织有关专家提出综合性救援预案，提高预案的实用性，真正做到在重大灾害的救援中，发挥其预案的可操作性，提高预案的实战性[20]。

3.5.8　管制场景

合理化布局人防指挥工程、人防警报设施和人防通信设施，建立人防综合体战时管理体系。建立智慧人防指挥平台，构建统一管理、统一指挥、统一调度的管理模式。

1. 人防指挥工程

综合防护是提升人防指挥工程生存能力的必由之路；建立的防护效能评估模型考虑全面、计算方法正确；采用基于防护效能的人防指挥工程设计，在不提高投入经费的前提下，可大幅提高生存保障能力。因此，人防综合体的人防指挥工程设计应合理确定人防工程结构技术、防震隔离技术、抗电磁脉冲技术、隐真示假技术、干扰诱骗技术、诱爆摧毁技术等各类技术的投入比例，确保生存保障能力最大化，达到人防最佳效果。

根据人防综合体的地位和作用，研究认为人防综合体宜设置综合管理指挥中心，指挥中心建筑面积不大于 2000 m²[21]。

2. 人防调度协调中心

人防综合体作为防护片区内的核心人防工程，应预留街道或社区调度协

[20] 王乙帆. A 市中心城区人防工程规划布局优化研究 [D]. 成都：成都理工大学,2020.

[21] 高永红，王巍，郑颖，等. 基于防护效能的人防指挥工程设计探讨 [J]. 防护工程,2018,40(2):56-60.

调中心，指挥中心建筑面积应预留不小于 80 m² 的空间，平时作为预留空间，战时纳入人防管理体系，可实现快速转换。

3. 人防警报设施布点

根据警报防护规范，以防护片区为单位，宜在人防综合体内配备人防警报器终端[22]。

4. 人防通信设施

推进人防系统指挥场所信息系统建设。推进预备指挥所信息系统建设，完成超短波、卫星、安防等相关系统建设，完善指挥中心功能。利用人防光缆骨干通信网开展战备值勤、业务培训及训练演练等。协调气象部门对接国家突发事件预警信息发布系统。

5. 智慧人防平台管理

地下人防工程内部建筑复杂，要整体掌握工程内部的人员分布状态、通道占用与否、房间利用情况，最直接的办法就是进行可视化管理。可视化设计通常利用 BIM 技术为整个人防工程建筑和设备三维建模，模型设备对应位置实时显示现场传感器测得的数据，对三维模型进行分层显示，在重要房间和通道处安装高清摄像头，控制室 LED 大屏实时显示各摄像头拍摄的画面。

3.5.9　转运场景

与普通地下空间、周边相邻地块地下空间建立连通通道，利用不同的交

22] 刘鎏．南京市建邺区人防工程管理问题研究 [D]. 南京：东南大学 ,2020.

通方式，打造综合体内部—防护片区—通道多级场景。

1. 人防综合体内部转运

人防综合体较其他人防工程具有更加专业的疏散安置设施、更大面积的生存空间、更加便于疏散管理与支援、更加完善的保障条件等优势，是负责战时或灾时人员的接收安置、物资供应工作的重要工程。在战时应保证人防综合体内部各功能空间的联络转运通道，以保证疏散人员的生存需要。其中地下市政道路部分可作为防空专业队装备掩蔽工程、人防汽车库或应急车辆掩蔽部工程。

2. 防护片区内部转运

防护片区内部转运主要为其他普通人防工程与人防综合体的联络，一般由地下连通通道构成。连通通道如损毁不严重、车辆尚且可以通行时，可以通过人防专用车、电瓶车等方式，组织防护片区人防工程内人员向人防综合体疏散基地分流；连通通道损毁严重时，防空指挥部命令抢险维修专业队迅速对主要通道进行修复，各疏散基地、物资储备库派出人员对人防综合体内防护工程群众提供生活必需物资。防护片区内应满足人防综合体30分钟到防护片区全覆盖的转运要求。

以杭州西站人防综合体为例，目前杭州西站南广场综合体仅考虑本地块内部的人防需求，对地块周边未进行预留连通。建议在人防方案中，增加人防工程与西侧周边地块的连通通道，或对通道进行预留，并提出相关的配套政策明确投资、建设和维护主体，以便在战争发生时进行防护片区内的转运

3. 跨片区转运通道

战争发生时，如短期内不能接到解除警报，部分人防综合体又无法长期保障疏散人员的生存需要时，就要求建立人防工程跨片区的运输通道。跨片区转运主要利用地铁隧道和互连互通通道进行联络，应保证人防综合体与地铁隧道、互连互通通道之间的联络畅通。战时物资转运应满足利用交通干道，1 小时覆盖相邻防护片区的要求。

3.5.10　配套场景

对必要的区域电站、区域供水站、物资库、食品站、医院、生产车间、警报站、军用库房、核生化监测站等设施提出配套要求，保障生命线系统完善。

1. 军用库房

规划以军用军需物品的储藏为主要功能的仓储空间。战时主要担负军用物资的接收、保管、维护和分发等任务。军用库房规划布局在地下空间较为宽敞、地下建筑结构较为牢固、出入相对便利的位置。

2. 配套工程

作为区域战时防空设施的补充，主要包括区域电站、区域供水站、物资库、食品站、生产车间、人民防空交通干道、警报站、核生化监测站等。配套工程主要沿重要的人防廊道分散布局在合理的位置。其中区域供水站、物资库、警报站需要考虑战时服务人口与服务半径。

3. 应急资源储备

应急资源储备空间（物资库）包括医疗物资储备、粮食储备、食盐库、食用油库、燃料油库等功能，按照物资储藏需求标准打造相应的储备空间。规划通过防护片区的布局，进一步挖掘应急资源仓库的储备能力，在条件允许的情况下对人防空间加以利用。

4. 医疗救护设施

医疗卫生设施指全部或部分建于地下的各种中心医院、急救医院、急救站等，需按照《人民防空地下室设计规范》GB 50038—2019 实施。规划主要布局在医疗卫生用地的地下空间，将地下改为医疗器械储备场所、药房仓库，同时可连接各个社区的节点布局为卫生站，在战时则可改为急救站。

第 4 章　防护片区融合式人防综合体技术创新研究

4.1 大数据、信息化、智慧化
在防护片区规划中的运用

4.1.1 杭州市人防大数据、信息化、智慧化发展现状

人防信息化建设是杭州"城市大脑"的重要组成部分。随着智慧时代的到来，智能化成果和大数据信息的利用被当作是推动城市治理、解决城市病的一大机遇，"城市大脑"应运而生。杭州"城市大脑"是由杭州市和阿里巴巴合力打造，每天有来自杭州市 70 余个部门和企业的数据汇入了"城市大脑"，日均新增数据 8000 万条以上，包括警务、交通、城管、文旅、卫健等多个大系统、应用场景。

（1）杭州市人防办正在推进的"杭州市人防工程信息管理平台"项目，其重要工作之一就是建设一个种类齐全、内容丰富的人防工程基础数据库，同"城市大脑"项目有机结合，为各项业务工作提供数据支撑。厘清杭州市人防工程基本情况，并提升人防部门"最多跑一次"服务能力，促进政府职能由管理向服务转变，为办事单位和群众提供便利。

（2）建成三级联动的指挥通信保障体系。杭州市已建成了三级联动的指挥通信保障体系，建成了民防应急指挥网、综合业务网、短波、超短波通信网、卫星通信网、北斗导航定位系统以及移动车载通信网等通信手段。完善了地下与地面、固定与移动多种形式互为补充的指挥场所，优化指挥要素配置，逐步形成市、县、镇三级互连互通的指挥体系，形成综合应用、统一高效的一体化信息指挥平台。

（3）引入三维测绘技术，提高平战结合开发利用的效率。为了精准掌握早期人防工程的现状，实现人防工程数字化信息管理，杭州市人防办引入测绘技术，使人防工程口部和内部现状三维实景再现。管理人员通过数字化平台可对早期人防工程总体布局、工程总量、连通现状、内部各节点、各设备设施进行访问管理，同时可以对各工程内部任意位置的距离、高程等基础数据进行远程测量，极大地提高早期人防工程维护管理和平战结合开发利用的效率。

4.1.2　其他城市人防大数据、信息化、智慧化发展案例

1. 广州市建立人防信息化管理平台并开展互联网人防教育

广州从化区人防办试点建设"互联网＋"重要经济目标防护手段，通过人防信息化管理平台，利用视频监控系统，加强对重要经济目标的远程监控和可视化指挥；在信息化条件下对重要经济目标进行远程、实时视频监控，为全面做好城市人民防空行动提供了有效的保障。此外，从化区还建立大量的标志牌，并利用互联网、自媒体平台的优势，开展人防教育普及工作。市民通过扫描标志牌上的二维码，即可了解人防的基本知识。

2. 苏州市人防办实践智慧人防新模式，形成"六个一"研究新成果

苏州市人防办积极融入智慧城市建设，不断探索"互联网＋大数据"深度融合模式，深入开发"苏州"智慧人防平台，用科技创新驱动人防发展。此外，苏州市人防办不断加强"一网四系统"建设，实践智慧人防新模式，形成了"一网掌控、一库支撑、一云服务、一图管理、一键通达、一站办事"

的"六个一"研究新成果，为智慧人防建设贡献了苏州模式。

3. 贵阳市依托大数据发展平台，积极开展人防大数据建设

贵阳市人防办建设人防战备数据云和"互联网＋人防"公共服务云。人防战备数据工程通过大数据平台将实现人防战备数据指挥、数据协同、数据保障等综合应用，实现上下联动、高效运转的人防战备数据保障体系。为完成战时指挥和日常战备等任务提供全面、精准、高效的数据保障；"互联网＋人防"公共服务云旨在充分利用大数据、互联网等信息技术，挖掘利用人防数据潜力，实现人防工程维护的"精细管理"、人防设备生产的"精准监管"、平战状态下的"精心护航"、和平时期"精品宣教"功能，创新人防服务与监管模式，使服务与监管数字化、线上线下一体化。

4.1.3 杭州市人防大数据、信息化、智慧化发展重点

1. 建立智慧人防多功能数据采集、统计、应用、控制系统

未来杭州市智慧人防的工作计划是将指挥控制系统部署于人防办，通过该系统对人防数据的采集、统计、应用、控制平台，实现对人防设施常态化、系统化、信息化管理。

此外，智慧人防多功能数据采集、统计、应用、控制平台系统暨人防车位编码采集动态管理系统，深度嵌入人防既有体系实现高度融合，可与城市防空警报、控制系统联动，实现各类防空警报、灾害警报及紧急通知的统一发送，实现平时和战时的平顺、有序、高效切换，实现对人防设施平时使用的量化管理。

2. 以"互联网 +"监管为抓手，严格行政执法

在执法层面落实行政执法主体责任，推进行政执法全过程记录。维护行政执法监管平台基础信息，市区人防部门按照"网外无执法"的要求，依托掌上执法系统开展工作，定期进行统计分析，提高行政执法效能。全面推行行政执法公示制度、执法全过程记录制度、重大执法决定法制审核制度，充分发挥法制审核作用。适时开展依法行政培训，提高全市人防系统执法人员行政执法理论水平和业务技能。

3. 依托数字转型，提供应急应战的通信保障

强化人防指挥通信网等系统管理，进一步完善 96110[1] 工作机制。此外加强与铁塔、移动、电信和地铁等成员单位和战备协作单位的对接，做好人防工作，全面提升人防指挥信息保障能力。

4.1.4　大数据、信息化、智慧化在防护片区规划中的运用

1. 借助"大数据技术"实现对城市重要区位科学划分

新一轮规划编制要求突出重要经济目标和重要区位防护准备工作，重要区位划分需要借助人口大数据，基于 GIS 分析城市人口密集区、人口分布特点，划分城市重要区位，结合重要经济目标和重要区位划分安全威胁等级，明确城市防护区域，有效支撑规划编制，实现分析由定性向定量转变。

（1）结合人口大数据实现对城市人口密集区划分

人口防护是城市防护的重要组成部分，科学划分人口密集区域对于明确城市防护重点，实现人防资源科学配置具有重要意义。借助人口大数据可以实现城市中心区、商业繁华区和人口密集区的划分（图 4-1）。

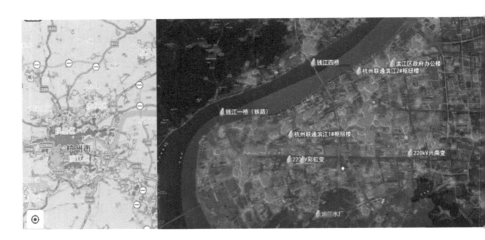

图 4-1　城市人口密集区划分示意图

图 4-2　重要经济目标毗邻区域精准划分示意图

（2）结合数字化技术可以实现对重要经济目标毗邻区域精准划分

在结合人口大数据的基础上，进一步整合重要区位范围，结合大数据和GIS 技术，实现对城市重要区位的精准划分，为各类人防设施的布局和城市威胁环境等级划分提供依据（图 4-2）。

2. 借助信息化构建"基于信息系统的人防综合防护体系"

借助于人防信息化构建"基于信息系统的人防综合防护体系"，实现人防各类数据管理的动态化和智能化，实现人防规划服务和融入基于信息系统的人防综合防护体系建设，实现规划数据与防护数据的全面融合（图 4-3）。

（1）构建城市人口精准疏散体系

依托系统能够查看城市人口、总体疏散策略、疏散比例、疏散接收场所等；查看城市人口疏散重点区域分布及人口规模、疏散区域；查看城市各防护片区在不同疏散阶段的人口疏散比例、人口规模、疏散路线、疏散接收场所等信息（图 4-4）。

图 4-3　人防大数据应用平台示意图

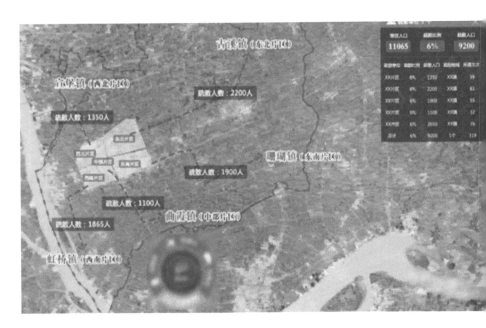

图 4-4　城市人口精准疏散体系构建示意图

图 4-5　通信警报体系构建示意图

（2）构建通信警报体系

实现人防警报规划数字化融合和展示分析，提升规划布局合理性和科学性及数据动态维护管理（图 4-5）。

（3）构建人防工程防护体系

结合城市现状工程数据和规划工程数据，围绕防护重点融入工程数字化防护体系，提升信息化条件下防护能力（图 4-6）。

（4）构建目标防护体系

实现对城市重要经济目标和重要区位的精准防护，实现对各类数据信息化、动态化管理（图 4-7）。

图 4-6   人防工程防护体系构建示意图

图 4-7　目标防护体系构建示意图

4.2 新技术在人防综合体设计建设中的运用

4.2.1 BIM 技术

1. BIM 技术应用的意义

BIM（Building Information Modeling）技术是一种全生命周期的数据化工具，通过三维模型整合数据及信息，在工程设计、施工、管理的过程中进行共享和传递，为工程各参与方提供协同工作的基础，可以提高工作效率、节省资源、降低成本。

我国现阶段建筑行业还是一个劳动密集型产业，行业整体表现为：效率低、收益差、负担重。建筑产业亟须从粗放型向精细型转变，BIM 技术是必不可少的技术手段。

BIM 技术是实现工作项目建设信息化的重要技术手段，其可视化及数据集成性的特点可以有效地促进设计、施工、运维管理各方协同工作、信息共享。结合 BIM 管理平台可对项目全周期进行管理，从设计优化、施工进度、成本、质量、安全等各方面增加项目的预知性及可控性，提升项目管理的精细化水平。

随着时代的发展，人防工程有了很大的改变；

（1）功能越来越多：从最初只具有防护功能的防空洞向具有多样化使用功能的平战结合建筑转变。

（2）体量越来越大：随着"人防工程＋住宅区＋商务区＋地铁工程＋公共服务设施"等多种模式的兴起，一大批包含着人防工程的地上地下大型综合体应运而生。

（3）质量越来越好：国家发布多部人防工程建设国家标准、行业标准，标准规范体系初步形成，科技含量和防护能力日益提高。

蓬勃的发展带来的是机遇更是挑战，更多高效便捷的技术需要被应用到人防工程中来，BIM 技术无疑是其中不错的选择之一。

2. BIM 技术全过程应用

1）设计阶段应用

（1）三维协同化设计

人防工程设计中涉及的专业越来越多，土建、结构、风水电、防化、电磁屏蔽、通信、智能化、防护设备等。传统设计为二维平面设计，各专业往往缺乏三维立体的模型反馈，各专业之间存在较多碰撞问题，无法及时发现，很难在施工前完成图纸设计优化，造成返工损失。

通过运用 BIM 技术进行三维协同化设计，可以改变原有的点对点的沟通协作模式，提升沟通效率，分配工作明确，减少无效及重复的工作量；三维模型可以直接反馈碰撞、空间不足等其他设计问题并在设计前期解决，提高设计质量。

（2）碰撞检查

BIM 经过图模一致性核查后，利用软件中的数据信息处理工具，将各专业 BIM 模型合并导入，通过设置不同的容差值，计算机自动检测和判断，对结构、建筑、机电模型进行碰撞检查。提前检测查找出各专业设计错漏碰缺关系（图 4-8）。其中重点解决室内外主要碰撞及空间高度的优化。通过将碰撞问题前置解决，减少施工延误和错误返工问题，有效控制工程造价。

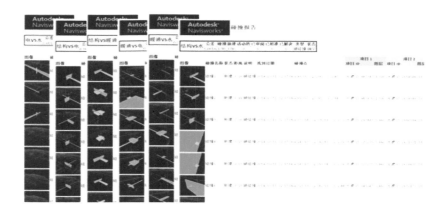

图 4-8　碰撞检查报告示意图

（3）综合优化

根据项目实际情况及建设要求，利用 BIM 模型模拟性、可视化等特点，对项目进行综合优化，合理规划功能分区、净高，优化机电管线安装路径、碰撞避让方案，保证各专业间空间规划合理，最终反馈在施工图上，保证图模一致（图 4-9）。

同时，利用 BIM 模型的协同性，可以很好地解决人防单元与其他空间协调问题，保证人防边界与外界空间准确衔接，避免后期修改，节约工期和成本。

通过 BIM 模型深化，提升预埋准确率，避免后期管线整改，提升人防工程品质。

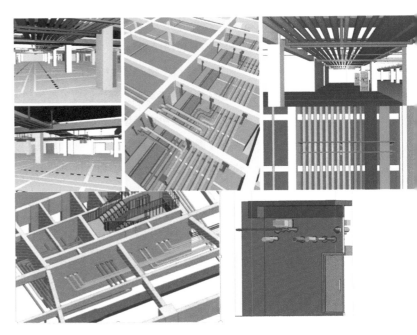

图 4-9　BIM 模型综合优化示意图

2）施工阶段应用

（1）碰撞检查

设计单位在施工图阶段，根据终版图纸对 BIM 模型更新后进行碰撞检查快速找出各专业的碰撞问题及发生碰撞的位置，便于施工前提早发现错误，规避风险，避免由于碰撞问题引起的损失（图 4-10）。

在碰撞检查过程中，至少对以下几个专业进行冲突检测：

①建筑与结构；

②建筑与机电各个专业；

③结构与机电各个专业；

④消防与电气专业。

同时，确认管线密集区域和重点区域。

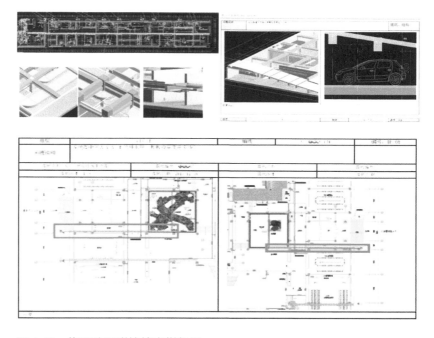

图 4-10　施工阶段碰撞检查样例图

（2）净高分析

在施工图阶段，根据净高控制表基于施工图 BIM 模型进行净高分析。估算出各空间可能达到的净空，提前对建筑物各空间净空进行分析。根据审核意见，提前发现可能不满足净空要求的位置，及时对设计进行优化。

制作净高分析报告的过程中，每一个功能区至少需要提供一个剖面并提供一张净高分析平面图，明确标出不同区域的净高情况。在碰撞报告过程中找到的管线密集区域和重点区域需要 2 ~ 3 个剖面来进行说明。

（3）管线综合

基于施工图 BIM 模型进行三维管线综合排布，合理地对整个空间管线进行优化，解决管线碰撞问题，区别于传统二维平面设计中通过对点位分析来代替整个区域。根据审核意见，缩短各方协调周期，减少施工过程中因管线排布不合理而带来的损失。

（4）预留洞口及预埋件检查

基于施工图 BIM 模型对预留洞口及预埋件进行分析，并将其结果形成报告和模型提交至甲方与设计师进行复核，根据复核意见及时修改，提前发现预留洞口及预埋件设计错误。

（5）BIM 例会制度

定时定期召开项目例会，组织各参加单位基于 BIM 进行信息互通交流，针对重难点进行分析解决，并形成项目例会纪要。

（6）工程量统计

通过 BIM 模型导出工程量，辅助预算（图 4-11）。

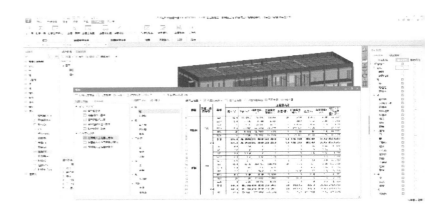

图 4-11   BIM 工程量导出示意图

（7）施工深化设计

① BIM 施工模拟

通过 BIM 进度模拟，对项目周期进行模拟优化，合理规划工序工期以及人员、材料配置，提供施工管理精细化水平，节约周期和成本（图 4-12）。

② BIM 质量管控

通过 BIM 模型模拟，优化细部节点做法，提升施工质量和效率，节约施工周期，避免后期返工整改（图 4-13）。

③ BIM 安全管理

利用 BIM 模型对支模进行模拟优化，提高效率且对其安全性、合理性进行模拟优化，避免后期风险，提高项目质量（图 4-14）。

通过建立 BIM 三维模型，对临边洞口创建防护设施，提前进行防护措施方案模拟比选，避免工程安全风险，提高工程安全指数。结合智慧工地平台，实时监控现场情况。

④基坑方案模拟优化

通过创建基坑 BIM 模型，打破基坑设计、施工和检测间的隔阂，直观体现项目全貌，实现多方高效信息共享，通过三维可视化沟通，全面评估基坑工程，科学合理规划基坑开挖顺序，统计支护结构各部分的工程数量（图 4-15）。通过 BIM 手段使管理更科学、措施更有效、提高工作效率，节约投资。

⑤机电安装深化设计

结合施工工艺、工序及采购情况，对项目机电安装进行 BIM 深化设计，规划管线走向、路径，为施工提供准备定位以及科学工序，提升施工安装效率及准确性，节约周期和成本，提升项目品质（图 4-16）。

（8）智慧工地应用

在项目实施过程中，建立 BIM 数据管理平台，利用平台统筹各参建方进

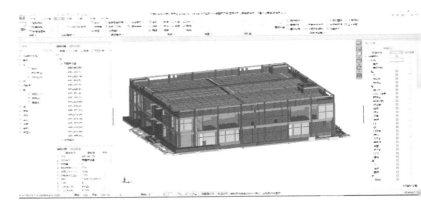

图 4-12   BIM 施工模拟示意图

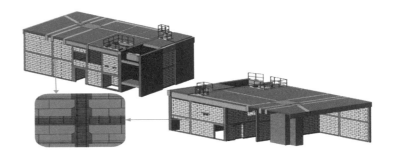

图 4-13   BIM 质量管控示意图

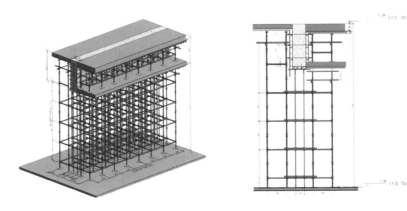

图 4-14   BIM 安全管理示意图

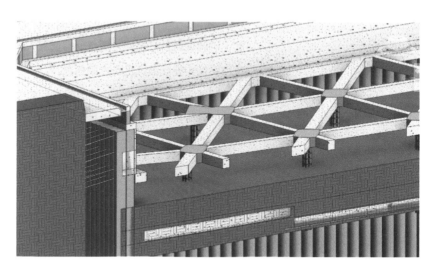

图 4-15　基坑方案模拟示意图

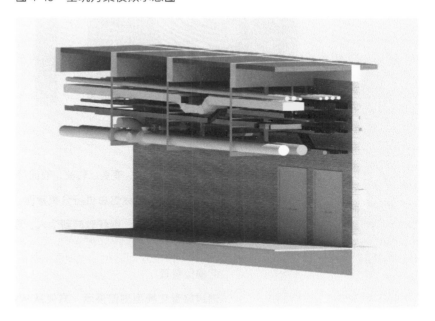

图 4-16　机电安装深化设计示意图

度，协调项目各方条件，规范项目流程；提升项目管理的精细化程度，通过项目展板实施反馈项目各方面信息。

利用平台从项目协同、模型管理、文档管理、进度管理、质量安全管理、表单管理等方面对项目信息进行集成化管理。

①项目协同

施工管理过程中，利用 BIM 协同管理平台提供现场信息交流、沟通和协作的线上工作环境，实时推送公告信息，通知项目成员，保证信息的及时有效（图 4-17）。

项目全局数据展示汇总

个人工作数据展示汇总

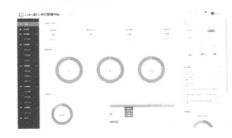

图 4-17   项目协同示意图

利用平台对会签、变更、转交、驳回等流程进行数字化管理，及时推送快捷高效；对各种流程信息进行分类管理，方便随时查看；通过平台将各参与方联系起来，工作、责任对应到个人，项目信息统一准确，避免了信息不对称等情况。

②模型管理

通过轻量化模型浏览展示，方便从 Web、PC 端、移动端等参与协同，可保证随时随地进行模型浏览，系统自动将模型进行分类，可按需求分楼层分专业等方式进行显示/隐藏，随时获取并构建属性、问题、进度等信息（图 4-18）。

● 模型材质　　　　　　　　　　　　● 模型版本变更管理

● 剖切、漫游、测量　　　　　　　　● 模型关联信息

图 4-18　模型管理示意图

通过模型挂接信息的方式，方便现场问题、变更信息等进行协同管理，利用模型工具对模型进行剖切、漫游、测量等，辅助现场管控。

③文档管理

利用平台对项目文档进行管理，通过权限控制，满足项目实际资料文档的私密性要求，同时开放协同平台，可以方便地让各参建方上传、下载、浏览资料，同步整理汇总，实现资料管理精细化（图 4-19）。

同步文档与模型数据，让 BIM 模型与后台数据一一对应，实现 BIM 信息模型的真正价值。

④进度管理

利用平台对项目进度实施跟踪、反馈，业主及管理团队可实时了解计划执行状态，更好更及时地管控项目进度（图 4-20）。

⑤质量、安全管理

利用平台对项目变更问题、现场留痕、文档管理、实施情况进行管理，为质量安全管理人员提供记录和跟踪施工问题的有效工具（图 4-21）。

（9）运维阶段应用

将 BIM 竣工模型与运维管理平台对接，通过平台实现智慧园区的各项应用。培训物业管理人员使用平台各项功能，确保运维平台高效应用。同时，数据可接入"城市大脑"，为城市人防统一管理提供可能。

● 在线文档管理

支持多级文件夹分类；支持多种格式文件在线预览（图片、音频、视频、office、pdf、dwg）

● 权限精细化管理

每个层级文件夹均可设置权限，满足项目现场实际资料文档私密性要求

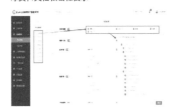

● 多终端资料同步

支持Web、PC、Android、iPhone等多平台、多终端随时随地的文件共享

● 资料版本管理

文件内容变化后，可随时上传更新资料，原有资料将会形成历史版本记录

● 资料与BIM模型双向关联

资料支持批量关联构件，浏览模型时，也可查看与该构件相关的资料

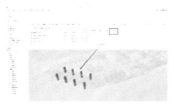

图 4-19　文档管理示意图

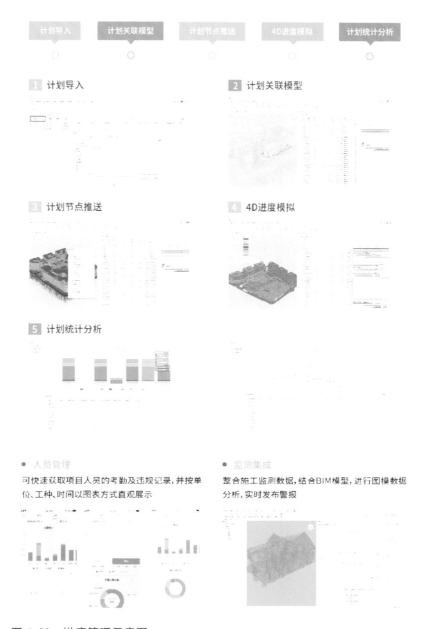

图 4-20　进度管理示意图

● 质量/安全工作留痕

支持对施工质量和安全文明施工情况记录、点赞和评论,提升现场技术人员和管理人员工作的积极性

● 质量/安全文档管理

提供质量和安全资料文档存储和查看的入口,赋予质量、安全人员完整保存施工过程相关资料的权限,实现线上对质量安全资料的查询和更新

连接项目现场监控设备,可直接通过平台查看监控点实时情况

图 4-21 质量安全管理示意图

4.2.2 可视化、智慧化运维

以人防综合体（或防护片区）为一个人防组建单元，建立完整的智能化信息网络体系，对综合体内的指挥系统、医疗系统、专业救护、人防掩蔽等单元，建立人防内部的多套网络系统，为人防的平时管理与战时指挥提供完整、可靠的信息传输链路。

（1）人防设备专网：对人防内部的机电设备（人防通风机、人防水泵、人防电源、人防发电机等）、视频监控、人防内外环境指数、人防通风方式信号指示灯控制等建立人防设备网，各系统通过人防设备网建立自己独立的网络平台，并通过与 BIM 模型的内嵌式数据对接，实现组建单元内人防机电、环境的数字孪生模型。通过片区指挥分中心的显示大屏，对防区内的人防数字孪生模型进行实时动态显示，使指挥中心对防区内的机电设备、环境视频以及周边环境辐射指数等信息有一个完整的实时的信息显示，为战时指挥提供高效及时的有效信息。该信息通过网络与"城市大脑"进行信息传输，建立区域以及城市级的机电设备运维显示平台。

（2）人防信息专网：另外建立人防信息专网系统，为战时人防综合体内需进行信息传输与处理的单元建立独立的计算机局域网系统。为保证系统的相对独立性与可靠性，可以以综合体为组建单元建立相对独立的局域网系统，设置独立的计算机网络机房，内部硬软件系统设置均能满足内部的战时需求，并接入上一级的人防信息专网系统，以形成更大一级的局域网，呈塔式或网状式组建人防信息专网。为保证网络的安全性与保密性，采用涉密屏蔽网系统，可采用全光网系统，并布设无线网系统。

（3）人防通信系统：战时人防通信需组建内部独立的通信网络，同样以人防综合体为基本单元进行内部人防通信系统的设置。战时人防可设置有线、无线两种通信形式并存，战时通信与安全性、可靠性为主，并辅以便利性，因此战时人防通信应以有线通信为基础，并同时设置无线通信方式为辅，建立一整套战时通信网络体系。无线通信应采用加密方式进行。

4.2.3 装配式建筑在人防综合体设计建设中的运用

1. 装配式建筑的意义与配套政策

装配式建筑代表新一轮建筑业科技革命和产业变革方向，既是传统建筑业转型与建造方式的重大变革，也是推进供给侧结构性改革的重要举措。近年来，我国在积极探索发展装配式建筑过程中，在顶层设计的支撑保障方面持续发力，使装配式建筑的标准规范体系不断完善。人防工程作为一种与普通民用建筑结合紧密的特种工程，随着装配式建筑在我国的全面铺开，必然会遇到与装配式建筑融会交接的问题。在政策性导向还未完全在人防工程建设领域落地的初期阶段，有必要对其进行讨论，提出有效的解决对策。

住建部已批准《装配式建筑评价标准》GB/T 51129—2017 为国家标准，并于 2018 年 2 月 1 日起实施。《装配式建筑评价标准》采用装配率评价建筑的装配化程度。除《装配式建筑评价标准》外，由住建部组织编制的《装配式混凝土结构技术规程》JGJ 1—2014 已于 2014 年 10 月 1 日开始实施；《装配式混凝土建筑技术标准》GB/T 51231—2016、《装配式钢结构建筑技术标准》GB/T 51232—2016、《装配式木结构建筑技术标准》GB/T 51233—2016，已于 2017 年 6 月 1 日开始实施。前期已完成修编的《混凝土结构工程施工质量验收规范》GB 50204—2015、《钢筋套筒灌浆连接应用技术规程》

JGJ 355—2015 等标准规范均加入了对装配式建筑相关要素的论述，我国装配式建筑领域标准规范体系已基本完成构建。

在国家政策推广层面，2015 年住建部出台《建筑产业现代化发展纲要》，计划到 2020 年装配式建筑占新建建筑的比例 20% 以上，到 2025 年装配式建筑占新建筑的比例 50% 以上。2016 年，国务院出台《关于大力发展装配式建筑的指导意见》，要求要因地制宜发展装配式混凝土结构、钢结构和现代木结构等装配式建筑，进一步明确了"力争用 10 年左右的时间，使装配式建筑占新建建筑面积的比例达到 30%"；2017 年住建部公布了第一批 30 个装配式建筑示范城市和 195 个产业基地名单，多地已配套出台了相关的地方性政策。

在军事设施建设领域，2018 年 3 月中国陆军与住建部共同签署了《深化军民融合发展推进陆军军事设施转型建设战略合作协议》，双方将重点完成以下合作：一是为满足部队临时部署、处突驻训和边海防哨所保障需要，将联合研发拆装式营房，2020 年完成部分基本型产品技术研发，建成营级规模的试点示范项目，而后逐步拓展功能、形成系列；二是推广装配式建造方式，到 2020 年占新建军事建筑的比例达到 30%，2025 年达到 60%，这两项的比例均比住建部在全国范围推广的计划比例高出 10%，标志着装配式建筑已在军事设施建设领域开始了探索性应用。

目前人防工程作为军民融合属性极强的一类建筑工程，其设计、施工参考的主要标准规范多修编于 2005—2009 年，相对于我国装配式建筑标准规范体系的发展而言，存在一定程度的滞后。在各地陆续推出的地方性配套政策中所明确的装配式建筑比例均为总体比例，人防工程的指标未予以单列，没有明确的要求。

2. 人防工程采用装配式存在的问题

装配式建筑通常大批量采用预制构件，施工工法中存在大量二次浇筑环节，与人防工程现行规范的要求存在一定差异。按照现行规范进行设计施工时，有关保证人防工程主体结构整体性的规定主要有：

（1）平战结合的防空地下室中，现浇的钢筋混凝土和混凝土结构、构件应在工程施工、安装时一次完成；

（2）防空地下室在防护单元内不宜设置沉降缝、伸缩缝；

（3）砌体结构的防空地下室，有防护密闭门至密闭门的防护密闭段，应采取整体现浇钢筋混凝土结构。

目前在防空地下室中采用的装配式预制构件相对较为有限，包括叠合板、预制混凝土柱、预制混凝土墙等，多适用于抗力级别较低的人防工程或平战转换构件预储，近年来在人防工程建设中已极为少见，基本被摒弃不用。分析现行人防规范可以看到，人防工程对现浇钢筋混凝土的整体性要求十分严格，不仅尽可能防止沉降缝、伸缩缝等人为设置的永久缝在工程内出现，还要通过现浇一次完成来最大限度地防范非预期的裂缝出现，从而发挥钢筋混凝土自身的抗爆性能、密闭性能、抗震性能和防火、防水性能。

依据《装配式混凝土建筑技术标准》GB/T 51231—2016、《装配式混凝土结构技术规程》JGJ 1—2014 的相关要求，装配式混凝土结构中，通常选用套筒灌浆连接、机械连接、浆锚搭接连接、焊接连接、绑扎搭接连接等方式把多个预制构件结合为一个整体，存在大量构造节点及接缝。无论是将多个构件预留的钢筋共同锚固在二次浇筑的混凝土中，还是采用钢筋套筒灌浆的施工工艺，预制构件之间的连接采用的工艺更近似于一种"粘结"，而非传统混凝土浇筑实现的整体性、一次性构造，且构件之间的连接点多与强度力部位重合，必然是装配式结构的薄弱环节，处理不当就会形成严重的安全隐患，还可能发生渗漏和结露等附带问题。解决装配式构件的连接及防水、保温问题，并确保其可靠性、耐久性，历来是国内外研究的重难点问题。而装配式建筑的施工工艺能否同时满足人防工程的防护、防化、防水的要求，以及钢结构等一些更为特殊的主体结构形式能否应用于人防工程主体结构，尚无定论。

由于装配式建筑自身存在一些尚未妥善解决的技术问题，应用范围相对较为狭窄，在人防工程建设中的应用乃至在地下空间开发中的应用尚不多见。

3. 人防工程采用装配式关键技术研究

1）装配式预制构件接缝的处理

装配式结构存在大量的二次连接点和施工缝，不易满足人防工程的防护要求，一般要采用复合式的结构，通过后续工法对工程进行整体"密封"处理。假设某人防工程顶板需达到 300 mm 的厚度，如果采用了厚度为 200 mm 的装配式构件作为基底，则仍需在装配式构件上方二次浇筑 100 mm 的叠合板。

2）装配式预制件构造节点的位置选择

目前装配式建筑通用的构件之间节点多处在墙与板、墙与梁之间的连接位置上，在这种设计模式和制造方式下，大部分构件为"一"字形截面，预制件通常为整片墙体或整片顶板、底板。而这些预制件之间的构造节点恰都是受力的关键部位，受到爆炸冲击时，这些关键部位也是整个人防工程中最先被破坏的部位。人防工程采用装配式预制件构造围护结构时，应着重注意研究构造节点的位置选择，可尝试将预制件制作为"L"形、"T"形、"U"形，甚至"十"字形，通过多种预制件形态的组合，人防工程中原有的梁、板、柱结合处，都将变为成品预制件的内部现浇结构，构造节点多处在墙体、顶板底板内，也就避开了受力关键点。这一方面的研究可先期开展针对性的对比抗爆试验进行验证。

3）装配式预制件在人防工程平战功能转换中的应用

装配式预制件在人防工程应用的预算研发工作中，应侧重其在人防工程平战转换领域的应用。

（1）临战封堵

我国的人防工程防护功能平战转换相关设计标准中，关于主体结构平战转换的要求，不仅允许相邻防护单元之间预留供平时通行的连通口，且允许后加柱作为主体的支撑构件，临战封堵的相关图集提供的封堵类型也包括了钢筋混凝土预制梁封堵、槽钢组合梁封堵等。但目前限于我国人防工程平战转换体量巨大，临战转换时所需人力、资金缺口大，一些省市已明确要求平时预留连通口只能采用门式封堵，以期达到尽可能减少转换量的目的，一些老旧的预制件封堵措施基本不再被允许使用。装配式建筑在施工阶段高效便捷、养护周期短的优势恰可以在人防工程平战转换中得到发挥，一些钢筋混凝土预制件可通过套筒灌浆连接等方式对连通口、穿板孔口进行有效封堵，解决传统混凝土预制件在临战转换阶段由于时限短而无法现浇的问题，采用装配式预制件进行临战转换后的人防工程整体抗力比仅靠封堵位置外侧现浇土、内侧砖墙填塞有很大程度的提高，且钢筋混凝土预制件的造价远低于双向受力防护密闭门和封堵板的造价，效费比高。

（2）战时装配式钢结构夹层

战时临时夹层需要快速安装完成，采用标准化装配式钢结构 + 全螺栓连接，可以满足此要求。

装配式钢结构是指在工厂化生产的钢结构部件，在人防单元内部现场通过组装和连接而成。装配式钢结构夹层主要由型钢和钢板等制成的钢梁、钢柱、钢桁架等构件组成，各构件或部件之间通常采用焊缝、螺栓或铆钉连接。具有以下特点：

①快速建造

装配式钢结构可采用成品标准钢构件，采购方便，在工厂迅速加工，运至现场后按需拼装，满足战时紧急需求。

②材料强度高，自身重量轻

钢材强度较高，弹性模量也高。与混凝土和木材相比，其密度与屈服强度的比值相对较低，因而在同样受力条件下钢结构的构件截面小，自重轻，便于运输和安装，适于跨度大、高度高、承载重的结构。

③钢材韧性、塑性好，材质均匀，结构可靠性高

适于承受冲击和动力荷载，具有良好的抗震性能。钢材内部组织结构均匀，近于各向同性匀质体。钢结构的实际工作性能比较符合计算理论。所以，钢结构可靠性高。

④钢结构制造、安装机械化程度高

钢结构构件便于在工厂制造、工地拼装。工厂机械化制造钢结构构件成品精度高，生产效率高，工地拼装速度快，工期短。钢结构是工业化程度最高的一种结构。

⑤钢结构密封性能好

由于焊接结构可以做到完全密封，可以做成气密性、水密性均很好的高压容器、大型油池、压力管道等。

⑥低碳、节能、绿色环保，可重复利用

钢结构建筑拆除几乎不会产生建筑垃圾，钢材可以回收再利用。

（3）人防出入口装配式防倒塌棚架

装配式钢结构本身就有总体轻、造价低、造型美观、节能环保等优势，加上装配式的节省模板和工期短，优势就更加突出，而相较于装配式混凝土建筑而言，装配式钢结构建筑具有以下优点：

①没有现场现浇节点，安装速度更快，施工质量更容易得到保证；

②钢结构是延性材料，具有更好的抗震和抗爆性能；

③相对于混凝土结构，钢结构自重更轻，基础造价更低；

④钢结构是可回收材料，绿色环保；

⑤精心设计的钢结构装配式建筑，比装配式混凝土建筑具有更好的经济性；

⑥梁柱截面更小，可获得更多的使用面积。

（4）装配式整体卫生间

装配式整体卫生间由防水底盘、墙体板、顶板构成整体框架，配置各种功能洁具，形成独立卫浴单元，具有标准化生产、快速安装、防渗漏等多种优点，可在最小的空间内达到整体效果，满足使用功能需求。

整体卫生间是将防水底盘、墙板、顶棚构成的整体框架，配上各种功能洁具形成的独立卫生单元，具有洗浴、洗漱、如厕三项基本功能或其他功能的任意组合。整体卫生间是独立结构，不与建筑的墙、地、顶面固定连接，适用于砖混结构、钢筋混凝土结构、钢结构、砖木等结构建筑。整体卫生间采用瓷砖、铝蜂窝、玻璃纤维、PUR 等在模具里一次压制复合成型，所有部件全部在工厂内生产，现场进行装配，有利于实现住宅产业化和建筑工业化。节省劳动力，干法作业，安装速度快，质量有保证，不渗漏，耐用、环保、节能、低碳、安全，外形、尺寸、颜色等可根据客户需求定制。

①速度快：安装快，1 套仅需 2 人 4 小时；搭积木式安装，代替传统现场零散施工；干法施工，无噪声，不扰民；无垃圾，更节能；省空间。

②全定制：规格大小完全按照建筑基础尺寸量身定制专业设计；面材有瓷砖、大理石等，可自由选择定制；洁具辅件可根据客户需求定制，多品牌可选。

③省时省力： 一站式采购所有卫浴产品，省力省心。

④省钱：减少直接采购、维修、维护、折旧四大费用。

⑤省空间：专利技术，专属材料，集成产品，节省空间。

⑥永不渗漏：专利产品，集成整体防水系统。底盘、墙体、转角和地漏等点位进行防水设计。工业化高标准生产，品质保障，永不渗漏。

（5）装配式水箱

水箱是人防防护单元内不可缺少的组成部分。目前我国主要采用混凝土和钢板水箱，但混凝土水箱的渗漏、结垢，钢板水箱的锈蚀，对水箱的使用造成很大影响。据北京市环保局现场检测，目前我国 85% 的水箱供水系统，由于水箱的菌藻、锈蚀污染而无法达到供水水质标准。自 20 世纪 80 年代，普遍采用装配式玻璃钢水箱，解决了上述问题。装配式玻璃钢水箱具有无泄漏、无变形、无污染、使用寿命长等优点，并且组装容易、外形美观，可根据需要组装成不同吨位的水箱。

4. 人防工程采用装配式混凝土结构构件

1）装配式人防外墙板

普通人防外墙围护结构具有受力特别大（抗常规武器和核武器应力波、冲击波）、投资相对较多、对结构抗渗性能要求较高和要求施工工期尽可能短等特点。

装配式人防外墙有着较普通连续墙很多的优点。装配式人防外墙作为人防主体结构，有别于普通结构，主要有以下优点：

（1）一构二用，节省了工程投资。装配式人防外墙不仅在施工阶段起到挡土、挡水和抗渗的作用，而且在使用阶段可充分发挥其承载能力，减小基础底面地基附加应力，抵抗侧向冲击荷载。其本身强度和周围地层的支承能力都能得到充分的利用，有效地减小建筑物、构筑物的沉降。通过这种形式，无须再单独构筑建筑外墙，节省了投资。

（2）工程质量更稳定。墙体混凝土浇筑处于受控状态，混凝土质量完全能够确保，实施强度等级也无须提高一级。可解决现浇地下连续墙的无规则夹泥和渗漏问题。预埋可准确定位，其精度小于2cm，完全满足设计要求。

（3）减少了工程量，缩短了工期。采用装配式人防外墙结构， 墙面平整度高，可直接作为地下室的外墙，省去了构筑建筑外墙的时间。采用预制墙体，构筑墙体可以与成槽同时进行。可采用逆作法施工，这样可以大大提前后序工序，缩短工期。

（4）增加了基坑施工的安全性。由于装配式人防外墙的墙体刚度大，基坑开挖过程中，极少会发生地基沉降或塌方事故。装配式人防外墙的抗渗能力较强，较大限度地减少基坑涌水的可能性。

总之，装配式人防外墙围护结构工效高、工期短、质量可靠，经济效益明显。

装配式人防外墙结构的施工主要工序有：墙体制作、成槽、导墙浇筑、墙体吊装、开挖、楼板浇筑等。这里主要对墙体制作、墙体吊装、接头桩施工、压密注浆等进行研究。

图 4-22　预制混凝土柱示意图

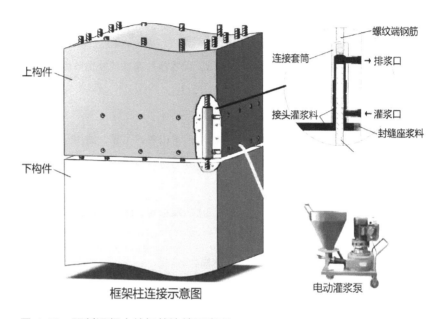

图 4-23　预制混凝土柱钢筋连接示意图

2）预制混凝土柱

地下人防防护单元主要是以功能为主，在外界条件（荷载、净高、跨度等）基本相同的情况下更容易实现构件标准化。框架柱截面可按标准进行设计，配筋按受力可以分成几个标准类型，因此人防防护单元框架柱可以设计成几个标准构件，适合采用预制构件，在工厂生产，到现场进行拼装（图 4-22）。

预制混凝土柱钢筋的连接：预制柱中主要采用半灌浆钢套筒连接，通过中空型套筒，钢筋从开口穿入套筒内部，不需要钢筋搭接或接触，钢筋与套筒间填充高强度微膨胀结构性灌浆料（图 4-23）。

特点：

（1）钢筋接头等级为 I 级，适用于大直径钢筋连接；

（2）竖向钢筋连接多用半灌浆套筒接头，水平钢筋连接多用全灌浆套筒接头；

（3）灌浆料为高性能补偿收缩水泥基材料，采用压力注浆。

优点：

（1）技术成熟、可靠，适用于各种连接；

（2）可以采用集中连接的形式，适用于钢筋的直接连接和间接连接等形式；

（3）质量稳定，便于现场操作，可采用群灌技术注浆，施工效率较高。

缺点：

（1）灌浆料受施工阶段环境温度影响；

（2）套筒及灌浆料的成本较高；

（3）对预制构件生产的精度、安装施工的组织和管理要求较高。

3）预制混凝土人防墙

地下人防防护单元在外界条件（荷载、净高等）基本相同的情况下，人防墙更容易实现构件标准化，满足标准化设计、工厂化生产、装配化施工的要求。

预制人防墙钢筋的连接：预制人防墙中主要采用半灌浆钢套筒连接，通过中空型套筒，钢筋从开口穿入套筒内部，不需要钢筋搭接或接触，钢筋与套筒间填充高强度微膨胀结构性灌浆料（图4-24）。

图4-24　预制混凝土人防墙示意图

4）预制混凝土梁

图 4-25　预制混凝土梁示意图

预制混凝土梁是采用工厂预制，再运至施工现场按设计要求位置进行安装固定的梁。一般可分为全预制混凝土梁和预制叠合梁。装配式建筑中，为了使整个结构形成整体，一般采用叠合梁（图 4-25）。

叠合梁是分两次浇捣混凝土的梁，第一次在工厂做成预制梁；第二次在施工现场进行，当预制梁吊装安放完成后，再浇捣上部的混凝土使其连成整体。叠合梁按受力性能又可为"一阶段受力叠合梁"和"二阶段受力叠合梁"两类。

采用叠合式构件，可以减轻装配构件的重量更便于吊装，同时由于有后浇混凝土的存在，其结构的整体性也相对较好。其薄弱环节主要在预制构件与后浇混凝土两者之间的接合面上。因此为保证该部位的牢固结合，施工时要求该叠合面采用凹凸不小于 6mm 的自然粗糙面，且必须冲洗干净以后方可浇筑后续混凝土。同时还将预制梁及隔板的箍筋全部伸入叠合层中。采用这些构造措施，保证了叠合梁结构整体的稳定与安全。

5）叠合板

为了节约木材、降低施工难度、减少施工时间，在装配式建筑中大量使用叠合板（图 4-26）。叠合楼板是由预制板和现浇钢筋混凝土层叠合而成的装配整体式楼板。叠合楼板整体性好，板的上下表面平整，便于饰面层装修，适用于对整体刚度要求较高的高层建筑和大开间建筑。

预制板既是楼板结构的组成部分之一，又是现浇钢筋混凝土叠合层的永久性模板，现浇叠合层内可敷设水平设备管线。

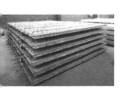
图 4-26　预应力叠合板示意图

叠合楼板整体性好，刚度大，可节省模板，而且板的上下表面平整，便于饰面层装修，适用于对整体刚度要求较高的高层建筑和大开间建筑。

叠合楼板跨度一般为 4 ~ 6 m，最大跨度可达 9 m。

叠合板优点：

（1）叠合楼板具有良好的整体性和连续性，有利于增强建筑物的抗震性能。

（2）在高层建筑中叠合板和剪力墙或框架梁间的连接牢固，构造简单，远远优于常用的空心板。

（3）随着民用建筑的发展，对建筑设计多样化提出了更高的要求，叠合板的平面尺寸灵活，便于在板上开洞，能适应建筑开间、进深多变和开洞等要求，建筑功能好。

（4）可将楼板跨度加大到 720 ~ 900 cm，为多层建筑扩大柱网创造了条件。

（5）采用大柱网，可减少软土地基建造桩基的费用。

（6）叠合板全高度小于空心楼板全高度，因而可减少高层建筑的总高度，或增加其层数。

（7）节约模板。

（8）薄板底面平整，建筑物顶棚不必进行抹灰处理，减少室内湿作业，加速施工进度。

（9）薄板本身制作简便，基本上可利用现有生产空心板等的预应力长线台座进行生产，所采用的模板也很简单，便于推广（对薄板底面平整度要求较高者，则需在台座上增加钢板覆面）。

（10）单个构件重量轻，弹性好，便于运输安装，可利用现有的施工机

图 4-27　预制混凝土楼梯示意图

械和设备。

综上，预应力叠合楼板兼有预制和现浇楼板的优点，因此既是用于高层和抗震建筑中较好的楼板，又是便于在我国广大预制构件厂力量较弱，吊装和运输设备能力较差的中、小城市进行工业化生产的一种楼板。

6）预制混凝土楼梯

目前，现浇楼梯在工程应用中的缺点主要表现在施工速度缓慢、模板搭建复杂、模板耗费量大、现浇后不能立即使用（需另搭建施工通道）、现浇楼梯由于施工质量差必须做表面装饰处理等方面。而预制混凝土楼梯能很好地克服以上缺点，并能做到标准化，非常适合装配式建造（图 4-27）。

预制混凝土楼梯是以钢筋、混凝土为主要原材料制成的楼梯，通过预埋件、外漏钢筋与平台梁连接。使用预制楼梯板可以大大节省在施工过程中针对楼梯等异形构件的复杂工序，从而提高生产效率。

预制楼梯的优势：

（1）加快施工进度。现浇楼梯模板支拆，绑筋，打混凝土很费工，影响进度。预制楼梯不占用工位，可提前预制。预制好的楼梯安装很快。

（2）节约原材料。节省模板材料。一套模板可以打多个楼梯段。

（3）预制楼梯质量好，外形规整，尺寸统一。

（4）可快速形成人行上下通道。既省去临时通道，又方便施工人员上下。

5. 人防工程非砌筑内墙

目前常用的适合人防区域的非砌筑内墙板有：ALC 条板（图 4-28）、轻质陶粒混凝土空心条板（图 4-29）、轻质水泥发泡隔墙板等。

图 4-28　ALC 条板

图 4-29　轻质陶粒混凝土空心条板

非砌筑内墙板在工厂流水线、标准化生产，宽度一般为 600 mm，厚度根据设计要求确定，长度根据实际长度在工厂生产时切割好，运至工地现场进行拼装。

采用非砌筑内墙板有以下优势：

（1）符合国家装配式建筑要求和政策导向；作为新型建材，符合国家推广绿色建筑"四节一环保"的要求。

（2）质轻高强：本产品质量轻（100 mm 厚墙板仅相当于普通砌体双面抹灰层的重量），强度高，能完全满足各种非承重墙体的需求。

（3）防火：在 1000℃的高温下的耐火极限不低于 3 小时，而且不散发有毒气体，不燃性能达到国家 A 级标准。

（4）隔声、隔热、保温：本产品由两层的孔壁和孔洞内空气形成三重阻尼传递，隔声、隔热效果佳，其隔声效果符合国家住宅的隔声要求，大大高于其他砌砖墙体的声音效果。

（5）防潮防水：实验证明，在不做任何防水饰面的情况下，用水泥料结成池体装满水，轻质墙板背面能保持干燥，不留痕迹，在潮湿天气里也不会出现冷凝水珠。轻质隔墙板的面板是专业的防水板，有良好的防水、防潮性能，可适用于厨房、卫生间、地下室等潮湿区域。

（6）吊挂力强：本产品可以直接打钉或上膨胀螺栓吊挂重物。

（7）设备管线埋放方便：利用轻质墙板内部空腔，管线预埋变得更加快捷方便，可直接开槽埋管线。

（8）安装简便、质量可靠：墙板依次安装，板与板之间凹凸槽相互卡住，安装一次到位，墙体墙面无任何断层，面板表面平整光滑不会产生粉尘，可直接粘贴瓷砖、墙纸、木饰板等材料做饰面处理。

（9）整体性好：装配式施工，本体三合一结构，板与板连接成整体，板与主体结构采用专用卡件固定，强度高，抗冲击性能强，整体性好，不变形，墙面不易松散，整体抗震性能高于普通砌筑墙体多倍。

（10）省工期：本产品采用工厂预制，现场一次性安装到位，可大大加快工程施工进度，缩短工期，施工速度比砖墙或加砌块快 6 ~ 8 倍；且表面平整度高，安装完成后直接批腻子做面层，无须粉刷，缩短工期；利用本产品内部空腔，管线预埋变得更加快捷方便。对普通高层建筑，使用本产品一般可节约工期 2 个月。

（11）省空间：相同维护、隔声、防火性能，本产品比传统的砌体厚度可有效减薄，增加使用面积。100 mm 厚本产品可代替 200 mm 以下砖墙，150 mm 厚本产品可代替 200 mm 以上砖墙。根据现场实测，100 m² 的住宅使用本产品可增加使用面积 2 ~ 5 m²。

（12）省成本：本产品容重轻，可有效减少主体结构混凝土和钢筋用量，降低基础造价，经测算可降低主体工程造价 8%；使用本产品不需要拉结筋、构造柱、圈梁等构造措施，减少隐性成本；免抹灰，无须粉刷，大大降低了人工成本和材料费用；工期短，加快资金流转，降低资金财务成本。经综合测算，即使不考虑设计及工期等有利因素，用本产品替代传统墙材，综合造价与砖墙基本持平，比加砌块略低。

（13）省麻烦：本产品拼装采用凹凸槽自锁，专业补缝处理，几乎杜绝了板间裂缝；与主体结构采用专用卡件固定，连接可靠，专用补缝材料嵌缝，且板体与结构梁柱材质接近，裂缝产生概率大大降低；无须粉刷层，不会产生空鼓、龟裂、面层脱落等质量通病，无须拉结筋、构造柱、圈梁等构造措施，避免质量通病。

图 4-30　首 都 圈 外 郭 放 水路——单一功能的地下蓄水空间

（14）便捷的室内装修：本产品可锯、可钻、可钉，使得室内装修更加灵活便捷；墙面平整，装修性好，可直接粘贴壁纸、瓷砖，刮白、粉刷。

6. 人防工程管线与结构分离技术

管线分离指的是建筑结构体中不埋设备及管线，将设备及管线与建筑结构体相分离的方式，即在建筑中将设备与管线设置在结构系统之外的方式，比如裸露于室内空间以及敷设在湿作业地面垫层内的管线都称之为"管线分离"。

人防防护单元内结构构件受力较为复杂，对结构构件要求较高，因此不适宜在结构构件中埋设设备管线。而且在人防爆破荷载作用下，结构构件容易产生一定的损坏，可能导致预埋在结构构件中的设备管线不能正常使用。

设备管线与主体结构分离，有利于设备管线的布设和维护，容易实现平战不同需求的转换。

4.2.4　海绵城市在人防综合体中的运用

人防综合体的设计和建设应深入贯彻海绵城市相关规划，通过建设地下蓄水空间就近汇集雨水径流，利用缓冲蓄水的方式缓解暴雨期城市管网的排水压力，从而解决城市内涝等问题。根据海绵城市的要求，大城市应建设以城市湿地、多功能调蓄设施和河网等为主，地下调蓄为辅的城市大调蓄系统。虽然地下蓄水空间在解决城市雨洪问题上效果显著，但单一功能的地下蓄水空间（图 4-30）存在建设成本高、使用效率低等问题，因此建设地下蓄水空间时，可进一步利用人防综合体的相关功能，将海绵城市建设与人防综合

图 4-31　广岛大洲雨水贮留
池——球场下的地下蓄水空间

体结合起来，建设可蓄水人防综合体（图 4-31）。

在开发可蓄水人防综合体时，应根据杭州市的现状和内涝特点，在遵循系统化、程序化的开发路径的基础上，确定科学合理的开发步骤。

首先，要规划空间布局与规模。城市洪涝灾害与城市建设现状、城市水文环境有密切联系。可蓄水人防综合体作为解决城市内涝问题的措施，应在分析该城市的地形、气候、降雨规律等自然条件下，以及城市发展现状和城市基础设施建设等现实条件的基础上，根据内涝发生地的地理位置、成因、发生频率和大小等，对空间进行专业、科学的预测、模拟、计算后确定科学合理的选址和蓄水容量。蓄水空间蓄水容积计算方法有很多种。其中设计暴雨法使用简便，需要的数据量小，只需确定设计暴雨的降雨量、汇水面积、径流系数和初期弃流量等参数即可得到设计容积。地下通道和下沉式广场的雨水灌渠设计重现期，近期 10 ~ 20 年，远期 30 ~ 50 年。

其次，要明确排水路径与方法。地下蓄水空间的开发应该基于城市排水管网结构、排蓄水条件与雨洪防御系统确定开发空间与排水系统对接的排蓄引流路线、方式与方法。蓄水空间位于地下，受高程的影响，雨水很难自然排放，因此要在空间内安置排水泵，借助排水泵传输、排空和泄洪。此外，雨水冲刷地面，雨水径流中携带了大量污染物，雨水径流在进入地下蓄水空间之前要做好截污措施（图 4-32）。地下蓄水空间截污可以分为两步：第一步是结合海绵城市建设中缓解径流污染的措施，在建筑、公共空间、道路周边设置植草沟、植被缓冲带、生物滞留池等；第二步是在雨水口设置截污装置，例如截污挂篮，拦截树叶、垃圾等体积较大的物体，减少径流中的悬浮物。此外在雨水口设置初期雨水弃流装置，减少泥沙等细小颗粒的进入。

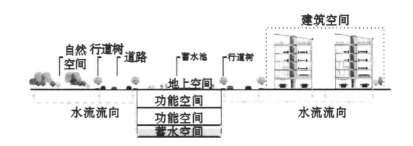

图 4-32　排水路径示意图

　　最后，是制定个体方案。在分析城市地下空间规划布局和城市内涝发生高频地区特点的基础上，制定科学合理和可实施的人防综合体的具体开发方案和建设模式。建议将可蓄水的人防综合体分为两类：

　　（1）蓄水空间可延伸型，此类蓄水空间可根据雨水径流量大小弹性调节空间蓄水容量。当雨水量超过永久蓄水空间容量时，上层功能空间将暂用作蓄水，暴雨结束后再通过排水管网慢慢排出。吉隆坡"精明隧道"是典型的蓄水空间可延伸型地下空间复合开发的成功案例，它将道路交通与排洪防涝结合在一起，为解决城市排雨洪导致的交通拥堵问题提供了新的思路（图4-33）。隧道上游建有雨洪流量检测站，根据雨洪流量的大小将隧道分为 3 个模式，应对不同程度的洪涝灾害。

　　①模式一：当上游流量检测站测得流量低于 70 m^3/s，仅开放底层泄洪隧道，隧道正常通车。

　　②模式二：当上游雨洪流量站测得流量达到 70 ～ 150 m^3/s，隧道二层暂停通车，一、二层用作雨水存储。

　　③模式三：上游流量站测得流量超过 150 m^3/s，整个隧道都用作储水、泄洪。

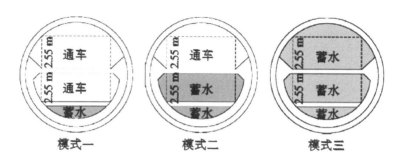

图 4-33　"精明隧道"运行模式图

　　该类型人防综合体在选择与蓄水空间相结合的功能空间时，首先应考虑延伸蓄水对上层空间的影响程度，根据地下空间分类建议选取交通、人防、停车等易清空和清扫的空间。此外该类型人防综合体使用时应做好洪涝预警，以便及时清空上层空间内的物品，防止内部设施被淹。

　　（2）蓄水空间不可延伸型，此类型人防综合体的蓄水仅在最底层，其空间面积、蓄水量都是固定的。在蓄水时无须清空上层空间物品，可选择的地下空间较为丰富。地下复合空间因最底层为蓄水空间，在建造时要严格把控建造质量，做好防渗、防漏的措施，保证安全。

第5章 推进防护片区融合式

人防综合体与国土空间规划的融合

人防专项规划融入国土空间总体规划，具体包括防护体系、规划目标及主要指标体系、布局原则、平战结合等融入国土空间总体规划；人防建设要求融入详细规划（2018 年起开展的一系列人防专项设施控制规划或控规人防专篇内容）；人防规划实施机制的融合，让人防专项控规中确定内容通过一定机制方便地落到规划设计条件和土地出让环节。

人防综合体作为人防专项规划和人防控制规划的主要内容，在规划布局、指标体系、建设要求、实施机制等层面应与国土空间规划（总体规划、详细规划）充分融合，推动人防综合体落地实施。

5.1　国土空间规划体系

2019 年 1 月 23 日，中央全面深化改革委员会第六次会议召开，会议审议通过了《关于建立国土空间规划体系并监督实施的若干意见》。会议指出，将主体功能区规划、土地利用规划、城乡规划等空间规划融合为统一的国土空间规划，实现"多规合一"，是党中央做出的重大决策部署。

会议指出，要科学布局生产空间、生活空间、生态空间，体现战略性、提高科学性、加强协调性，强化规划权威，改进规划审批，健全用途管制，监督规划实施，强化国土空间规划对各专项规划的指导约束作用。

空间规划是指一个国家或地区政府部门对所辖国土空间资源和布局进行的长远谋划和统筹安排，旨在实现对国土空间有效管控及科学治理，促进发展与保护的平衡。

各级各类空间规划在支撑城镇化快速发展、促进国土空间合理利用和有效保护方面发挥了积极作用，但也存在规划类型过多、内容重叠冲突，审批流程复杂、周期过长，地方规划朝令夕改等问题。建立全国统一、责权清晰、科学高效的国土空间规划体系，整体谋划新时代国土空间开发保护格局，综合考虑人口分布、经济布局、国土利用、生态环境保护等因素，科学布局生产空间、生活空间、生态空间，是加快形成绿色生产方式和生活方式、推进生态文明建设、建设美丽中国的关键举措。

5.1.1　新时代国土空间规划体系构想

国土空间规划体系的"四梁八柱"可具体表现为"五级三类四体系"（图
5-1）。

"五级"对应我国行政管理体系，即国家级、省级、市级、县级、乡镇
级。其中，国家级规划侧重战略性，省级规划侧重协调性，市县级和乡镇级
规划侧重实施性。

"三类"指规划类型，分为总体规划、详细规划、相关的专项规划。总
体规划强调规划的综合性，是对一定区域，如行政区全域范围涉及的国土空
间保护、开发、利用、修复做全局性的安排；详细规划是开展国土空间开发
保护活动，一般是在市县以下组织编制，是对具体地块用途和开发强度等做
出的实施性安排，是开展包括实施国土空间用途管制、核发城乡建设项目规
划许可，进行各项建设的法定依据；相关专项规划强调专门性，一般是由自
然资源部门或者相关部门来组织编制，可在国家级、省级和市县级层面进行

图 5-1　国土空间规划"五级三类四体系"示意图

编制，比如目前正在开展的长江经济带流域，或城市群、都市圈这种特定区域。

国土空间规划体系分为 4 个子体系：按照规划流程可以分成规划编制审批体系、规划实施监督体系，从支撑规划运行角度有两个技术性体系，法规政策体系与技术标准体系。

5.1.2　国土空间规划编制要点

1. 完善数据资源体系

国土空间信息数据资源横向涵盖测绘、国土、规划、发改、环保、住建、交通、水利、农业、林业等不同行业；纵向贯穿国家、省、市、县四级。按照数据类型分为现状数据、规划数据、管理数据和社会经济数据（图 5-2）。

现状数据分为基础测绘、资源调查、资源感知三类，为掌握国土空间的真实现状和空间开发利用状况提供数据基础；规划数据分为各级国土空间规划、专项规划、详细规划，为行政审批和国土空间用途管制提供管控数据依据；管理数据是行政审批过程中产生的数据，分为不动产登记、资源管理、规划管理、测绘管理四类，反映空间规划实施情况；社会经济数据为定期从各部门获取的数据及接入的新型数据，分为社会数据、经济数据、人类活动、城乡运行四类，为空间规划编制、评估提供支持。

2. 做好"双评价"

以国土空间规划数据为基础，建立以资源环境承载力评价及国土空间开发适宜性评价为代表的现状基础评价，包含对土地、矿产、森林、海洋、草

图 5-2　国土空间基础信息数据
资源体系

原等自然资源现状和潜力分析评价（图 5-3）。

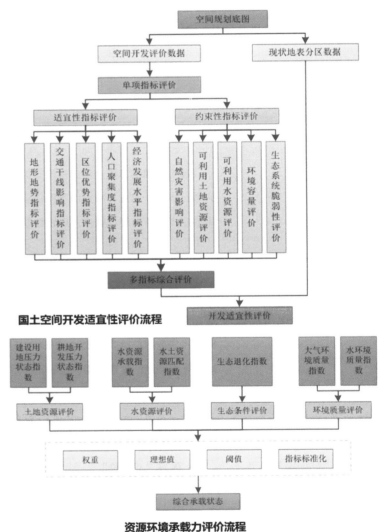

图 5-3　"双评价"流程

5.2　人防综合体规划与国土空间规划
　　　全方位融合（含传导机制）

　　"五级三类"的国土空间规划体系建立，人防综合体规划作为人防专项规划应做好与空间规划体系的衔接（图 5-4），在以下方面纳入国土空间规划体系：

　　（1）底图统一：对接省国土空间的数据库，现场调研补充，搭建人防综合体规划底图，与国土空间规划协调统一底数底图。

　　（2）规划协同：与国土空间控制性详细规划协同，编制人防控制性规划成人防专篇，提出人防综合体建设的强制性控制内容和引导建议。

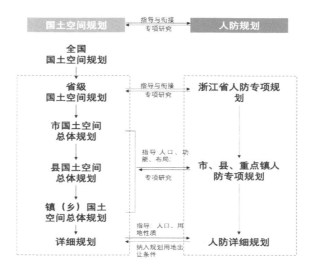

图 5-4　两类规划衔接示意图

（3）数据库纳入：将人防综合体布局、规模及相关要求纳入国土空间
数据库，实现人防综合体建设和管理法定化。

5.2.1   衔接和融入国土空间总体规划

城市总体规划是编制人防专项规划的基本依据，人防综合体规划应在以
下方面与国土空间总体规划衔接与落实。

（1）城市性质、区位关系、空间布局（公共中心布局）、功能定位；

（2）城市发展策略，近期和远期发展目标和发展方向；

（3）城市轨道交通设施布局等。

5.2.2   衔接相关专项规划

人民防空职能使命是：战时防空、平时服务、应急支援。每类人防设施
除了有战时功能外，基本都有平时使用功能和灾时服务功能，因此，在人防
专项规划确定人防综合体时，应注重与地下空间、综合交通、市政、消防、
绿地、医疗、教育等专项规划的衔接融合，兼顾城市综合防灾减灾需要，与
城市地下空间开发利用相结合，注重形成城市综合防护体系，提升城市综合
防护能力。

如在确定防空专业队工程时，除了与国土空间规划衔接外，还应与市政
专项（水、电、气等）、综合交通专项及专业队组建单位用地等充分衔接；
在确定医疗救护工程时，要充分与医疗设施专项规划和绿地系统规划等进行

有效衔接。

衔接相关专项规划是确保规划人防综合体能够科学合理布局的基础。

5.2.3　衔接和传导城市详细规划

（1）衔接。当规划范围内已经有编制批复或在编的单元控制性详细规划，在确定人防综合体时，应注重收集和分析已编或在编城市详细规划中用地规模、用地功能、规划人口、容积率等指标，按照浙江省工程建设标准《控制性详细规划人民防空设施配置标准》DB33/T 1079—2018 规定，确定人防综合体的用地范围、建筑规模、人防功能布局等。

（2）传导。规划范围内未编制单元控制性详细规划的区域，应结合人防专项规划中确定的人防综合体布局，确定各规划单元范围内应配建人防综合体的范围、规模及功能，将人防综合体规划的相关内容有效传导至今后编制的单元控制性详细规划。

5.3 人防综合体规划纳入"多规合一"平台方案与技术路线

5.3.1 杭州市"多规合一"平台"编制统筹"模块概况

根据《中共杭州市委 杭州市人民政府关于加强全市国土空间规划统筹管理的实施意见》（市委〔2019〕14号）、《杭州市政府办公厅关于对国土空间规划编制实行计划管理的通知》（杭政办函〔2020〕8号）有关要求，结合国土空间治理数字化有关要求，为规范杭州市"多规合一"业务协同平台编制统筹管理操作，做好全市国土空间规划编制全过程管理，杭州市规划委员会办公室特制定《杭州市"多规合一"业务协同平台"编制统筹"模块运行规则（试行）》。

1. 总体要求

杭州市"多规合一"业务协同平台"编制统筹"模块是推进国土空间数字化治理的重要应用场景之一，是加强全市国土空间规划编制统筹管理，分级分类做好规划编制全过程管理的基础保障，是杭州市深入推进"多规合一"，实现全市规划"一张图"的创新举措。

平台用户应遵循"平台之外无规划"原则，运用平台"编制统筹"模块认真做好规划编制全过程管理各项工作，并结合行业和地方实际，不断创新编制管理和成果应用，使规划编制过程更加公开透明、协同高效，规划成果更加科学前瞻、精准实用，以高水平规划保障城市高质量发展。

2. 具体操作规则

根据杭州市规划编制管理工作实际，"编制统筹"模块操作分为"九个环节"，具体包括提出编制建议、确定编制计划、启动规划编制、提出技术要求、提供基础数据、开展审查论证、开展报审技术审核、规划成果检测和成果入库归档。

5.3.2　杭州市人防综合体规划融入"多规合一"平台方案

在完成项目招投标工作后，杭州市人防综合体规划融入"多规合一"平台方案将进入"九个环节"中的第五至第九环节。由于杭州市人防综合体规划部分内容涉及保密内容，在融入过程中应按已经脱密过的可向市民公开的内容版本进行融入。具体每个环节融入要求如下：

1. 提供基础数据

在完成规划项目委托，确定规划设计单位后，杭州市人民防空办公室应根据项目特点确定是否需要申请基础数据。如需申请，由杭州市人民防空办公室提出基础数据申请（在规划项目编制管理档案"规划编制所需基础数据"文件夹中上载附件），并发送至基础数据涉及的相关单位。相关单位原则上应在 5 个工作日内明确有关意见，并提供相应基础数据。

杭州市人民防空办公室应对规划设计单位提出的基础数据需求严格把关，按规定签订保密协议及相关使用协议，并按相关法律法规规定，以及签订的协议使用和保管数据。

2. 开展审查论证

规划设计单位应遵循技术要点，依托基础数据开展规划编制。杭州市人民防空办公室负责做好规划阶段性成果审查论证、规划草案公示等工作，并按要求做好规划在编管理。

杭州市人民防空办公室应依托"编制统筹"功能模块，结合钉钉等会议系统，以线上线下结合等方式做好规划开题、规划阶段性成果审查，不断创新规划编制审查方式，提高规划审查论证效率。

参与规划审查论证的单位应在规定时间内（由杭州市人民防空办公室根据项目特点，在发起规划审查时明确审查时间要求）做好规划审查意见填写并按要求做好审查意见上传。

杭州市人民防空办公室可通过平台查询、下载各单位出具的审查意见，并根据需要出具阶段性成果审查论证纪要。

3. 开展报审技术审核

为做好市国土空间总体规划等上位规划层层传导落实，避免空间保护开发利用冲突，实现"多规合一"，规划草案在报批前，杭州市人民防空办公室应在平台中发起报审技术审核申请（在规划项目编制管理档案"规划阶段性成果"中上载规划草案），并发送至市规划编制中心。

对符合审核条件的规划草案，市规划编制中心应在 10 个工作日内组织开展规划草案技术审核，提出技术审核意见。技术审核过程中，可视情况组求有关单位意见。杭州市人民防空办公室应根据技术审核意见组织规划设计单位做好规划草案修改完善有关工作，经完善确认后方可开展报批等工作。

4. 规划成果检测

规划获批或结题后，杭州市人民防空办公室应在 20 个工作日内做好已脱密处理的规划成果提交（在规划项目编制管理档案"规划最终成果"中上载规划成果），并发送至市规划资源局开展成果检测。

杭州市人民防空办公室应根据成果检测意见组织规划设计单位做好成果完善，确保规划成果符合入库存档要求。

规划成果一般应包括文本、说明书、图集及相关附件，以及相关矢量图（GIS 格式，国家大地 2000 坐标系）。

5. 成果入库归档

由杭州市调查监测中心会同杭州市人民防空办公室做好公开版本规划成果入库、归档。完成编制的规划项目进入已编规划库，平台用户可通过平台"编制统筹""多规共享"等功能模块查阅规划成果，并开展相关拓展应用。

5.3.3　杭州市人防综合体融入"多规合一"平台技术路线

杭州市人防综合体融入"多规合一"平台技术路线应按杭州市"多规合一"业务协同平台编制统筹模块流程示意图（图 5-5）开展。

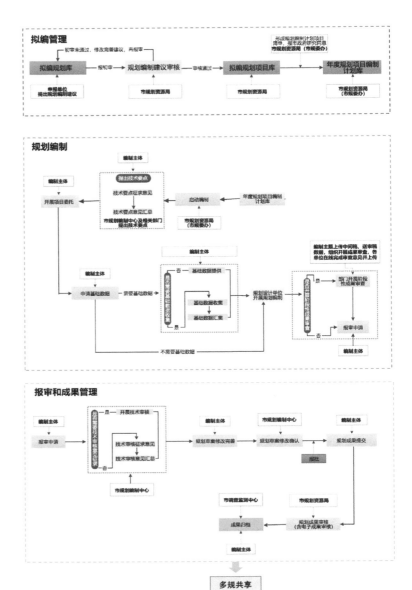

图 5-5　杭州市"多规合一"业务协同平台编制统筹模块流程示意图

5.4　推进防护体系与国土空间规划的融合

5.4.1　衔接城市防空袭方案相关要求

城市防空袭方案是城市人民防空行动的指导性文件，其主要内容包括：敌情判断、城市防护指导思想和人防防护体系组成、人防组织指挥、疏散掩蔽、重要经济目标与防护、各类保障计划等。城市人防综合体宜在以下方面与防空袭方案衔接。

（1）城市的空袭威胁。防空袭方案基本确定了城市的战略地位，城区及其周边区域内可能遭敌人空袭的重点目标，预测潜在敌人可能的空袭手段及方案等。此部分内容可作为研判城市空袭威胁的依据。

（2）城市防护的指导思想。

（3）人防组织指挥体系。

（4）人口疏散计划。

（5）防空专业队的编制、规模和配置。

（6）人防工程保障要求。

5.4.2　融入长三角一体化协同防空体系

积极响应融入长三角一体化国家战略，落实国家防办"深入人们防空区域协同发展示范"的要求，切实加强区域协同联动，推进长三角区域人民防空高质量发展。

进一步探索长三角一体化发展机制，结合枢纽级 TOD 人防综合体布局，推动人防综合体在"区域防空、协同发展"方面发挥更大作用，在人防综合体空间布局、重要经济目标协同防护、人口疏散协同、预警报知协同等方面进行创新研究。

（1）长三角一体化协同研究。

（2）G60 科创走廊协同研究。

（3）杭州都市圈协同研究。

5.4.3　构建城市人民防空精准防护体系

围绕精准防护的思路，根据重要经济目标和重要区位的分布，结合空袭毁伤分析进行市域安全威胁等级划分，规划布局各类人防综合体，对安全威胁等级高的区域实施重点防护，实现有限资源的科学分配，同时针对各区域实行分区域精确化疏散。

1. 城市重要区位划分

对城市中心区、商业繁华区、人口密集区和重要经济目标毗邻区划分，明确防护重点，精准化划分重要区位区域（图 5-6）。

2. 城市威胁环境等级划分

结合相关模型及城市重要区位相关动态数据，科学划分城市安全威胁等级，支撑各类规划数据制定（图 5-7）。

3. 人防综合体规划布局指引

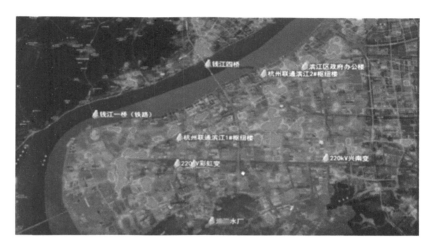

图 5-6　城市重要区位划分示意图

图 5-7　城市威胁环境等级划分示意图

结合威胁环境等级评估，对不同类型等级区域提出人防规划设施指导意见，提出人防综合体空间布局（图 5-8）。

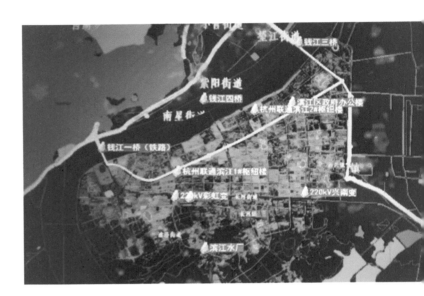

图 5-8   人防综合体规划布局指引示意图

5.4.4   融入城市人民防空数字（智能）防护体系

基于杭州市地理信息系统，融入杭州市数字人防系统，实现规划指标数字化评估、规划内容数字化展示、规划成果数字化交付，并可实现新建人防工程（人防综合体）的动态管理和录入，自动比对分析人防建设指标与规划指标差距，自动生成年度建设计划，实现规划动态化指引人防建设。

1. 数据分析系统

借助于大屏可视化等相关信息手段，实现人防（综合体）规划数据与现状城市动态数据的实时对比，实现规划总体指标数字化，并用于指导人防各项决策（图 5-9）。

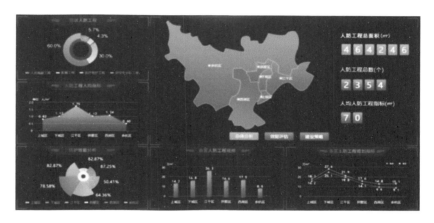

图 5-9　人防数据分析系统示意图

2. 智能审批系统

实现人防（综合体）规划各类数据支撑规划数字化审批，提升规划的可操作性，提升规划动态融入规划体系（图 5-10）。

3. 智能防护体系

实现人防（综合体）规划各类数据融入数字化防护体系，用于相关数据分析及智能决策（图 5-11）。

图 5-10　人防综合体智能审批系统示意图

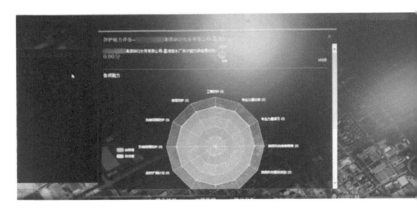

图 5-11　智慧防护体系示意图

5.5　推进防护片区融合式人防综合体
与国土空间规划的融合

5.5.1　建体系传导——四级体系上下传导

在国土空间总体规划阶段主要涉及城市级人防廊道的制定和人防综合体的布点，需要明确如何根据人防综合体的重要性、平时用途和战时分工等内容，并对全市人防综合体"点—线—面"系统布局提出合理化建议。

在人防专项规划阶段，落实国土空间总体规划对人防提出的目标、校核规模、系统，根据分区具体情况量化、细化传导内容，进一步明确人防综合体的空间布局、功能构成、管控要求等。

在控制性规划阶段，需要在人防设施规划专门章节中，落实防护片区的划分和人防综合体的空间布局、用地范围、建筑规模、防护要求等指标，应明确防护片区与人防综合体的关系，进一步探索人防综合体如何通过控制性详细规划进行强制性与引导性的控制、人防与普通地下空间的比例如何分配等关键问题，探索功能用途、空间容量、交通、市政设施等各类指标与人防综合体相关指标融合的新模式。

在选址论证报告阶段，选址论证报告作为核发建设用地规划条件的直接环节，一是细化人防综合体拟排建筑方案，提出设计条件；二是加强与相关部门的沟通协调，特别是涉及空间权属、权责划分等方面细节。

5.5.2　分项目传导

明确人防综合体近期实施重点建设库。结合杭州市及各区国民经济和社会发展"十四五"规划、杭州市人民防空"十四五"规划、杭州市近期重点建设项目等，明确人防综合体近期实施重点，与各区、县（市）政府及各平台做好对接，指导落实人防综合体建设内容，制定近期建设项目库，录入信息化管理平台。明确建设目标、建设内容、建设功能、防护等级等内容，依据其所属级别、类别、模式提出建设要求。

5.5.3　法定传导——控规 + 规划设计条件

结合城市单元控制性详细规划编制工作，以《控制性详细规划人民防空设施配置标准》DB33/T 1079—2018 为切入点，加强与规划和自然资源、建设等职能部门沟通协调，完善城市控制性详细规划中的人防综合体规划内容和土地出让的人防建设规划条件。

选址论证验证可行性，纳入规划设计条件：通过编制人防综合体试排方案，重点论证人防工程连通共建的必要性和可行性、建设规模、功能、连通情况等地块出让时，在规划设计条件中，明确人防综合体建设的刚性要求。

5.5.4　杭州市人防综合体布局建议

杭州市新一轮国土空间规划和"十四五"规划中提出，未来杭州要按照"多中心、网络化、组团式、生态型"的原则，加快构建"一核九星、双网融合、三江绿楔"的新型特大城市空间格局，大力推进"产城融合、职住平衡、生态宜居、交通便利"的郊区新城建设，加快城市优质资源向郊区新城拓展，引导城市核心区过度密集区块人口向郊区新城疏散、城市新流入人口向郊区新城集聚，形成"众星拱月"的组团式发展形态。推动"东整、西优、南启、北建、中塑"迭代升级，精心打造杭州云城、三江汇未来城市先行实践区、钱江新城二期、钱江世纪城、会展新城、大城北等城市重点功能区块（图 5-12）。

图 5-12　人防综合体重点区域图

　　结合上位规划确定的杭州城市重点功能区块，同时考虑人防设施的现有建设基础，本次规划将云城、三江汇未来城市先行实践区、秦望地区、会展新城、大城北地区、轨道交通 TOD 区域和未来社区等作为规划人防综合体重点区域。

　　（1）云城：重点结合西站枢纽及南北综合体、杭腾未来社区、双铁（国铁和城铁）上盖综合体区域、融创未来冰雪世界等打造人防综合体项目。

（2）三江汇：重点结合各板块公共中心区块的地下空间综合开发，与城市地下轨道相连通，围绕中央绿心公园、未来社区、双铺车辆段、智慧新天地等打造若干个平时战时、地上地下、防空防灾相结合的人防综合体，高质量转变人防工程建设模式。

（3）秦望地区：重点围绕秦望广场、地铁站、秦望商业水街及高品质住宅的地下空间综合开发，打造与平时战时、地上地下、防空防灾相结合的人防综合体。

（4）大城北地区：重点围绕杭钢地铁站和运河湾地铁站 TOD 综合利用项目建设，打造与轨道交通相连通的平时战时、地上地下、防空防灾相结合的人防综合体。

（5）会展新城：重点围绕大会展中心、大会展中心站、港城大道站的地下空间综合开发，打造与轨道交通相连通的平时战时、地上地下、防空防灾相结合的人防综合体。

（6）未来社区：重点结合未来社区的"九大场景"，将人防各类功能融入各个场景，建立完善的人防综合防护体系，解决老社区人防防护能力弱的短板。重点建设始版桥未来社区、杭腾未来社区、之江未来社区、亚运未来社区人防综合体。未来社区人防综合体采取对除人防工程外的全部普通地下空间实行兼顾人防要求设计的方式，让普通地下空间拥有一定的防护能力，实现未来社区的地下空间"处处皆人防，处处皆安心"，打造拥有全方位人防防护能力的"安心未来社区"。

5.6　实施保障机制

5.6.1　法规政策保障

贯彻执行人防法律、法规和政策，根据人防发展的需要，结合杭州市人防建设的实际，修订人防规章和政策，并将人防综合体相关内容纳入，制定人防综合体规划设计和建设使用管理导则等政策规定。

5.6.2　资金筹措保障

人防建设专项资金作为人防工程投资的主体，在资金筹措和政策运作上要有机结合，处理好融资模式和运营模式，在符合《中华人民共和国人民防空法》和有关经济法规规定的前提下进行改革和创新，调动社会投资积极性，多渠道进行资金筹措，在政府主导下采取市场化运作。人防综合体资金筹措渠道主要有政府财政投入，人防易地建设费，银行贷款，民间资本融资，出让使用权、冠名权和广告权收益，社会捐资等。财政、税务、电力、供水、市政、通信、广电等相关部门要制定具体优惠政策措施，支持人防综合体建设与开发利用。

5.6.3　宣传教育保障

广泛开展人防宣传教育，提高全社会对人防综合体建设重要性和必要性的认识，增强全民国防观念和人防意识，营造良好的人防社会氛围。各级领

导加强部署，重视人防工作，加大人防科学技术在人防综合体规划建设中的
创新与集成运用；政府相关部门各负其责，协同做好人防综合体建设工作。

5.6.4　依法监督保障

人防主管部门要以人防法规、政策为依据，切实履行法律赋予的行政职
权，加强和规范人防行政审批，确保人防规划中人防综合体的落实；加强人
防行政执法力度，强化人防综合体项目的设计、施工、质量等监管，对不符
合国家规定的防护标准和质量标准的，责令限期整改，并追究违法责任。

5.6.5　规划落实保障

1. 专项规划落实

本研究作为市区层面的人防综合体课题研究，课题成果中确定的人防综
合体项目应落实到杭州市人民防空专项规划中，作为人防工程规划的重要组
成部分。

2. 控制性详细规划落实

本研究确定的已落实到控制性详细规划具体地块的人防综合体项目，规
划和自然资源主管部门在组织审查控规地块的选址论证报告时，应邀请人防
行政主管部门参加，落实人防综合体，以便在土地出让中注明人防综合体建
设类型和规模。

已明确在控制性详细规划单元内落实但未明确用地范围的各类人防综合

体，在编制单元控制性详细规划中应给予明确落实，规划和自然资源主管部门和人防行政主管部门在组织审查时应严格把关。

3. 建设项目规划落实

已落实到控制性详细规划具体地块的人防综合体，人防行政主管部门应主动介入项目前期工作，告知相关优惠政策，做好人防综合体建设的指导和监督工作，以科学落实本研究内容，完善防护片区融合式人防综合体的建设。

第 6 章　案例研究——以杭州市为例

6.1   秦望综合体

秦望综合体项目围绕秦望通道公铁合建，实施 TOD（以公共交通为导向的发展模式）立体复合型高品质开发。贯彻"公共、开放、多元、共享"的设计理念，以秦望广场为核心布局建设高端商务、五星级酒店、商业综合体、秦望水街及品质住宅等复合业态，以及秦望广场、科技馆建筑、秦望旅游码头等城市公共功能。总体方案设计传承富阳文脉符号，以山、林、田为设计元素，以"五岫骈峰"环抱秦望广场，形成独具特色的滨江界面，绘就现代版富春山居图都市实景。

围绕秦望通道，在秦望广场下方建设约 22.3 万 m² 地下综合体，整体开发地下 2 层，局部开挖地下 5 层，集聚商业、停车、公共交通、地下环道、下穿道路等多种功能，同步预留秦望广场地铁站。

秦望"城市眼"地下一层包含江滨西大道下穿通道、公共交通广场、地下停车库、商业、超市、配套机房及相关附属设施。秦望广场地下综合体为一体化设计、建设，并通过地下过街通道与水街区块互连互通。秦望"城市眼"地下一层共配建停车位约 3300 个，其中，秦望广场地下综合体地下层共配建车位约 750 个。

秦望"城市眼"地下二层包含西堤路下穿隧道、地下二层环路、地铁站地下停车库、配套机房及相关附属设施。秦望"城市眼"地下二层共配建车位约 4630 个，其中，秦望广场地下综合体地下二层共配建车位约 2150 个。

杭州市富阳区秦望通道工程秦望广场地下空间人防工程为平战结合人防工程，人防建筑面积为 60332 m²，本工程平时功能为汽车库及设备用房，战时功能为二等人员部、人防固定电站兼顾式人员掩蔽，人防类别为甲类、核 6 级常 6 级地下人防工程兼顾式人防工程（图 6-1）。

本工程共设有 17 个人防防护单元，其中二等人员掩部人防建筑面积共 23851 m²，划分为 12 个人防单元，人员掩蔽面积为 14310 m²，战时可掩蔽 14310 人；1 个人防固定电站共 492 m²；兼顾式人员掩部共 35989 m²，划分为 4 个防护单元，战时可掩蔽 7197 人，采用汽车坡道、出地面楼梯为主要出入口，防护单元次要出入口均为楼梯出入口。主要出入口第一道防护门外通道（含楼梯）按防倒塌设计，设有防倒架，保证战时人员通行。

秦望广场地铁站按重点设防站设计，人防面积 5 万多 m²，位于地下二层至地下五层，与秦望广场地下空间人防工程在地下一层、地下二层实现连通。

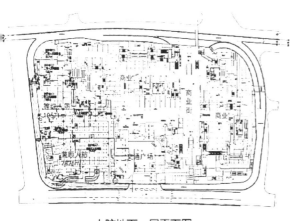

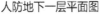

人防地下一层平面图

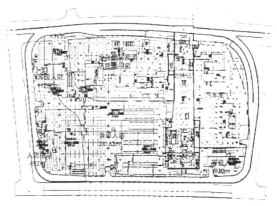

人防地下二层平面图

图 6-1　秦望综合体人防平面图

秦望广场地下空间与西北侧秦望商业水街及高品质住宅地下空间实现互连互通，西北侧秦望商业水街及高品质住宅应配建防空地下室（6级）超过3万 m²。

从人防综合体的规模和功能完善角度，研究建议在不影响秦望广场工程进度情况下，对秦望广场地下配建人防工程功能进行适当优化，将部分二等人员掩蔽工程调整为人防物资库和防空专业队工程，同时将西北侧秦望商业水街及高品质住宅及秦望广场地铁站统一纳入秦望人防综合体打造范围，打造成一个人防面积超 10 万 m²，人防功能涵盖防空专业队工程、二等人员掩蔽工程、人防物资库和人防电站及人防疏散干道的人防综合体。

6.2　杭州西站南北综合体

杭州西站位于杭州市未来科技城板块与云城板块之间，是合杭高速铁路、杭温高速铁路的中间站，车站站房建筑面积约 10 万 m²，站场规模为 11 台 20 线。未来西站站房将引入 4 条轨道交通线路，站台呈现"工"字形布局。南北向的 3 号线（在建）、机场快线（在建）位于西站站房地下二层，远期预留 2 条东西向的轨道线路位于西站站房地下三层，均可实现同台换乘。其中，南北综合体分别位于杭州西站高铁站南广场与北广场，是杭州站城融合开发的新标杆。

杭州西站南广场综合体地上计容面积 70.3 万 m²，北广场综合体地上计容面积约 60.11 万 m²，目前西站南广场综合体已有人防工程设计方案。根据地上面积进行计算，南广场人防需求面积为 56000 m²。本次人防方案按照 16800 人的人员掩蔽进行计算，共配置二等人员掩蔽工程 40600 m²，以及 1 个五级专业队 5000 m²、2 个物资库各 4000 m²。考虑到人防工程的经济性，该方案地下人防空间局部 4 层，其中包括二、三层的叠层设计，并按照掩蔽人数 1.3m²/ 人的要求进行配备，配置标准较小。在空间布局上，方案考虑将专业队、人员掩蔽等人防工程出入口在地下环路上开口，更好地发挥人防与地下空间的互连互通。

从人防综合体的规模和功能完善角度，研究建议在不影响南综合体工程进度情况下，对南综合体地下配建人防工程功能进行适当优化。一是增加人防工程与西侧周边地块的连通通道，或对通道进行预留，并提出相关的配套

政策明确投资、建设和维护主体。二是拓展疏散面积，避免人员掩蔽工程的

配置标准较小。三是拓展物资库的面积，并增加电站、食品站等人防功能，

让杭州西站真正发挥枢纽作用，形成既满足本地块，又能兼顾服务周边地块

的人防综合体。

6.3　杭腾未来社区

　　杭州云城是全力打造杭州"西优"发展中的城市新中心、人才新高地、创新新引擎。杭腾未来社区距离杭州西站约 800m，是云城的西南门户，也是全域未来社区先行启动的示范性社区，意义重大。社区范围东至绿汀路、南至余杭塘河、西至东西大道、北至后村桥港，总计用地面积约 100hm^2（其中实施单元约 26 hm^2），地铁 3 号线穿越基地并设有龙舟路站（图 6-2、图 6-3）。

图 6-2　杭腾未来社区区位图

杭腾未来社区为未来社区全域类创建社区，定位"绿野流云万物生长"，打造跨界包容、知识生长、美好创住的未来社区样板。跨界包容强调多元人群（含原住民、顶级科学家、科创青年、商旅客群等）的包容性；知识生长以丰沛的公民教育资源、产业园区资源形成学习型社区2.0；美好创住以全域一体化服务、数智整合服务和九大场景营造形成美好宜居环境。

打造地上地下一体化的社区支线路网系统，街区生活，设置适合行人友好的商业街区；规划新建类构建地面 – 地下多维立体分层交通空间形态，统筹均匀布设地下车库出入口，保证社区主出入口与机动车停车出入口的顺畅连接，避免与社区地面慢行交通流线交叉干扰（图6-4）。

实施范围内全区域人车分流，构建地面 – 地下多维立体分层交通空间形态，学校设立分级分层教育接送道路系统，保障杭腾大道畅通；地下室配置公共共享车位，公共共享车位预留充电设施；引入智慧化共享停车系统，车位管理，车位引导，实现共享停车，提高车位利用效率。

杭腾未来社区实施单元26.25万m²（未包含道路面积），总建筑面积约69.65万m²，其中住宅建筑面积34.15万m²，其他民用建筑35.50万m²，应配建防空地下室约6.60万m²，实际配建约7.4万m²，防空地下室战时功能包括救护站、防空专业队工程、一等人员掩蔽工程（街道级指挥工程）、二等人员掩蔽工程、人防物资库和人防电站，另规划在学校地块设置防空警报器，未来社区西侧有一处重要经济目标。地下空间平时功能包括商业、公共服务、体育、餐厅厨房、停车等，地下空间（人防工程）通过轨道交通站点和地下连通道实现互连互通，实现未来社区防空地下室集中联建、互连互通的理念。

图 6-3　杭腾未来社区整体鸟瞰图

- 轨道交通3号线龙舟路站
- 高端社区地下车库
- EOD地下接送区域
- 公共停车库
- 地下商业
- 商业停车库
- 其他地块地下停车库范围
- 预留地下室连通
- 轨道交通3号线
- 地铁站至TOD地下区域流线
- 地铁站至住宅地下区域流线
- EOD地下区域流线

图 6-4　杭腾未来社区地下一层平面图

6.4　始版桥未来社区

上城始版桥社区，位于杭州上城区杭州城站东部望江区块（图 6-5）。规划建设望江金融科技城和展现杭州形象的国际会客厅。实施单元现状为老旧小区集中区块，现状包含 20 世纪 70 ~ 90 年代老旧小区、娃哈哈厂区及汽车南站。原住民 6730 人，面临房屋老旧、结构隐患、设施老化、配套缺失等突出问题，居民改造愿望迫切。高密度的"旧城中心区改造"为本项目最大难点。通过未来社区的"新坊巷街区"模式建构，实现立体市井、立体

图 6-5　始版桥未来社区平面图

花园、立体连通为特色的九大生活场景，建成旧城中心区改造的创新示范，成为杭州国际文化名城的未来典范。

北侧设置地下通道连接东西两端的轨道站点，并与邻里广场接通；TOD通道全长 900 m，面积约 13700 m²。各地块地下主要为机动车停车及兼顾人防工程、配套设备用房；地下总面积约 416710 m²，机动车泊位总数为 7650个（图 6-6）。

区块人防设施规划以未来社区区块为核心，以指挥功能（对应未来服务场景）、医疗功能（对应未来健康场景）、专业力量（对应未来治理场景）辐射整个望江单元以及周边地区。未来社区区块配建专业队工程兼社区指挥功能，弥补原控规单元专业队工程不足。

图 6-6　始版桥未来社区地下一层平面图

社区防护分为两大工程，分别为安心工程和安全工程。其中，安心工程为指挥工程、医疗救护工程、专业队工程和配套工程，安全工程为二等人员掩蔽工程以及地下空间全部兼顾人防。两类工程互连互通，自成体系。

通过始版桥未来社区人防修建性规划，探索推动人防防护体系高质量发展，提高基层社区防护能力的措施，通过实际落地项目，打造浙江省未来社区人防场景范例，从而在全省乃至全国推行。

6.5   连堡丰城

连堡丰城位于杭州市江干区东南部，钱江新城东部，有丰富的江景岸线，区位条件优越；距离杭州东站仅 1.5 km，距离西湖 4.5 km，交通优势明显。连堡丰城项目主要通过对轨道交通 9 号线 4 个车站的地下一层（站厅层）空间进行互连互通，形成轨道交通引领的地下空间体系，打造地平线下的隐形城市，构建地上地下"双城系统"，提供全新的深度生活方式。

连堡丰城结合轨道及站点形成"一轴三廊四核"结构，打造隐形城市地下空间基本网络（图 6-7）。"一轴"为连堡丰城工程主体，主要沿钱江东路布置，西起御道路，东至月扬路，南贴道路红线，北抵引水河南岸。长约 3.8 km，标准段宽 40 m。"三廊"为地下空间各站点处延伸空间部分。"四核"为地铁 9 号线沿钱江东路布置的 4 个站点，即御道站、五堡站、六堡站、七堡老街站以及以此为核心的 TOD 开发区域。

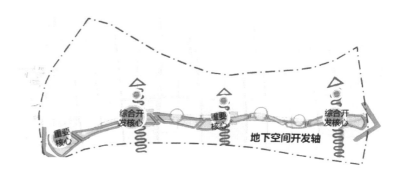

图 6-7   连堡丰城结构图

项目地下一层以配套开发为主，通过连通的地下换乘及开发空间，沿钱江东路地下空间主轴将各地铁站串联，并通过从各站点处纵向延伸出的地下纵向廊道，将连堡丰城地下空间与站点周边地块开发紧密结合。地下二层主要为地铁 9 号线轨行区，连堡丰城地下二层主要布置配套开发用房及地下车库等，其地下空间布置需与地铁站台及地铁轨行区等空间结合设置。在竖向布局上，地下一层以综合开发为主，同时设置了地铁公共区、设备用房等工程；地下二层以地铁站台层、明挖区间为主，仅五堡、六堡区间存在部分车库工程属开发工程范围。连堡丰城远期总规模 33.27 万 m²，其中地面建（构）筑物面积 0.52 万 m²，地下一层 24.98 万 m²，地下二层 4.66 万 m²，夹层 3.11 万 m²。项目与周边地块有机衔接，充分考虑周边地下空间的互连互通，构建完善的地下空间网络，合理预留相关土建接口；同时，项目结合高起点的整体规划和景观要求，充分引入开敞式下沉式广场空间，解放地下空间，提升地下空间品质、改善景观效果，增强地下空间相互联系，解决消防疏散问题。

结合地下空间平时功能，本工程设防区域主要分为地铁站点及相应区间隧道和连堡丰城地下空间开发部分。其中，连堡丰城地下开发空间主要设置兼顾人防，战时功能为临时人员掩蔽或临时物资储备，总面积约 10.5 万 m²；连堡丰城范围地铁工程为地下车站，区间隧道按甲类人防工程设计，抗力级别为防核武器 6 级、防常规武器 6 级、防化丁级；连堡丰城等级人防工程位于五堡、六堡部分区间，层数为地下二层 + 夹层，主要功能为二类人员掩蔽和电站，面积约 1.0 万 m²。连堡丰城地下一层空间在靠近下城广场区域不设防。兼顾人防工程设有 16 个人防单元，72 个战时人防疏散口；等级人防工程设有 6 个单元，27 个战时人防疏散口。

连堡丰城虽然是大型地下综合体工程，但在其开发和建设过程中，主要存在地下疏散（下沉广场）与地下人防无法兼顾的矛盾，以及地下开发空间局限在市政道路和绿地范围、局限在地铁标高以上范围的矛盾。研究建议连堡丰城应在不影响钱塘江古海塘遗址的前提下，通过周边用地的人防工程扩展等级人防的面积，并拓展各类人防的功能，利用轨道交通和连通通道的串联，在整个连堡丰城体系中形成具有一定规模的人防综合体。

6.6 案例小结

对杭州市始版桥未来社区综合体、杭腾未来社区综合体、秦望综合体、杭州西站南北综合体和连堡丰城综合体进行调研，并提出了有效的人防综合体规划建设方面的优化建议（表6-1）。

人防综合体案例小结

表 6-

综合体名称	综合体类型	人防面积（万 m^2）	优化建议
秦望综合体	公建	6.03	将部分二等人员掩蔽工程调整为人防物资库和防空专业队工程，同时将西北侧秦望商业水街及高品质住宅与秦望广场地铁站统一纳入秦望人防综合体打造范围
杭州西站南北综合体	公建	5.6	增加人防工程与西侧周边地块的连通通道，或预留通道，并提出相关的配套政策明确投资、建设和维护主体。拓展疏散面积，避免人员掩蔽工程的配置标准较小。拓展物资库的面积，并增加电站、食品站等人防功能
杭腾未来社区综合体	社区	7.4	平时功能包括商业、公共服务、体育、餐厅厨房停车等，地下空间（人防工程）通过轨道交通站点和地下连通道实现互连互通，实现未来社区防空地下室集中联建、互连互通的理念

续表

综合体名称	综合体类型	人防面积（万 m²）	优化建议
始版桥未来社区综合体	社区	41.67（地下建筑面积）	安心工程为指挥工程、医疗救护工程、专业队工程和配套工程，安全工程为二等人员掩蔽工程以及地下空间全部兼顾人防，两类工程互连互通，自成体系
连堡丰城综合体	公建	10.5	通过周边用地的人防工程扩展等级人防的面积，并拓展各类人防的功能，利用轨道交通和连通通道的串联，在整个连堡丰城体系中形成具有一定规模的人防综合体

第 7 章　结论和展望

7.1　研究结论

　　本研究通过现状调查、案例分析、文献综述等内容，对防护片区融合式人防综合体提出了建立人防综合体—连通通道—防护片区的"点—线—面"空间体系和人防综合体分类。对"点—线—面"的各自概念进行明确，并确立了防护片区融融合式人防综合体的概念和融合式人防综合体的基准。同时，本研究根据项目类型将人防综合体分为单体式和多体连通式两大类，进一步指导人防综合体的规划、建设和维护。

　　在充分调研和论证的基础上，主要得出了下列五大结论：

　　1. 明确防护片区与人防综合体概念，提出行之有效的人防综合体准入条件

　　研究明确防护片区的概念为：防空区内部的片区，一般与街道（乡镇）相对应，由一个或若干个防空单元组成，每个防空单元由城市控制性详细规划管理单元中的若干个街区组成。

　　明确人防综合体的概念为：以城市综合体为基础，将商业、城市交通、市政设施等地下综合体功能有机结合，且与战时人防功能融合集成建设，并具有一定等级人防规模要求的大型公共地下空间设施。

　　研究将人防综合体分为一类人防综合体和二类人防综合体：其中，一类

人防综合体是指防护片区内配建 4 项以上战时人防功能（物资库、医疗、专业队至少包含一项）的城市综合体地下空间通过连通通道进行连通，并宜与人防快速通道（地铁或地下快速路）相连通，构成防护片区型人防综合体，连通后等级人防面积大于 5 万 m^2，或单体等级人防面积大于 5 万 m^2，按照地下空间平战融合的要求，将商业、居住、医院、城市交通、市政设施等多功能有机结合（相互连通），且与战时人防功能融合集成建设的大型公共地下空间设施。一类人防综合体分为大型、中型两级，其中大型人防综合体必须和轨道交通站点互连互通。

二类人防综合体是指防护片区内 2 项以上人防战时功能（物资库、医疗、专业队至少包含一项）的城市综合体地下空间通过连通通道进行连通，构成防护片区型人防综合体，连通后等级人防面积大于 2 万 m^2，或单体等级人防面积大于 2 万 m^2，按照地下空间平战融合的要求，将商业、居住、医院、城市交通、市政设施等多功能有机结合（相互连通），且与战时人防功能融合集成建设的大型公共地下空间设施。二类人防综合体均为小型人防综合体。

此外，研究对人防综合体提出 5 大项（商业、交通、文化与健康、居住生活、人防要素）、15 小项、33 子项防护片区的充分条件。人防综合体的认定与建设，需满足一定数量的子项，具体需满足的子项数目和各子项的具体限定标准和规定，拟通过配套导则进行控制与落实。

2. 加强杭州市防护片区融合式人防综合体布点规划

本研究在新一轮杭州市国土空间规划的基础上，提出杭州市"新十区"中的 25 个人防综合体（图 7-1），并对相关规划内容做出梳理（附表 3）。

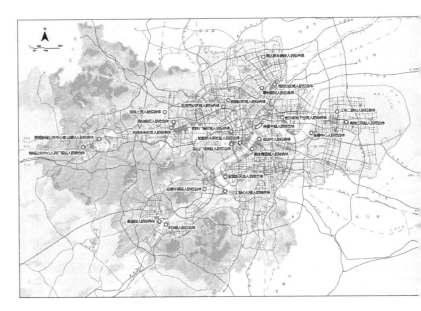

图 7-1　"新十区"25 个人防综合体分布图

3. 推进防护片区人防综合体与国土空间规划的融合

人防综合体作为人防专项规划和人防控制规划的主要内容,在规划布局、指标体系、建设要求、实施机制等层面应与国土空间规划(总体规划、详细规划)进行全方位融合,推动人防综合体落地实施。人防综合体规划重点在统一底图底数、规划协同和数据库建设层面与国土空间规划五级三类规划体系进行衔接和传导融合。

(1)推进人防综合体规划纳入"多规合一"平台方案与技术路线。结合国土空间治理数字化有关要求,为加强全市国土空间规划编制统筹管理,分级分类做好规划编制全过程管理的基础保障,杭州市制定"多规合一"业务协同平台"编制统筹"模块运行规则，"编制统筹"模块操作分为"九个环节"，具体包括提出编制建议、确定编制计划、启动规划编制、提出技术要求、提供基础数据、开展审查论证、开展报审技术审核、规划成果检测和成果入库归档。在完成项目招投标工作后，市人防综合体规划融入"多规合一"平台方案将进入"九个环节"中的第五至第九环节。由于市人防综合体规划部分内容涉及保密内容，在融入过程中应按已经脱密过的可向市民公开的内容版本进行融入。市人防综合体融入"多规合一"平台技术路线应按杭州市"多规合一"业务协同平台编制统筹模块流程开展，具体按拟编管理、规划编制、报审和成果管理三个阶段开展。

（2）推进防护片区融合式人防综合体与国土空间规划的融合。一是建立四级体系内容传导，在国土空间总体规划阶段、人防专项规划阶段、国土空间详细规划阶段和选址论证报告阶段，对防护片区的人防廊道、人防综合体的空间布局、功能构成、用地范围、建筑规模、防护要求及设计条件在各阶段明确并进行有效传导。二是建立人防综合体近期实施重点建设库，明确建设目标、建设内容、建设功能、防护等级等内容，融入各层级国土空间规划；三是在控规和选址论证阶段，加强与规划和自然资源、建设等职能部门沟通协调，完善城市控制性详细规划中的人防综合体规划内容和土地出让的人防建设规划条件，在建筑试排方案中落实人防综合体的要求。

4. 通过"三时十场景"落实人防综合体产业化

以平时、灾时、战时这三大时段的全时段融合为中心，建立融合式人防综合体场景体系，以强化人防综合体的平时利用、灾时应急、战时掩蔽的产业化内容。同时加强防护功能、使用功能、设备设施、内部环境、工程管理制度在平时、灾时、战时的转换。一是商业场景：根据所处区域位置明确人防综合体平时的商业类型；同时考虑兼顾灾时、战时的要求，设置商业准入门槛。二是服务场景：结合人员掩蔽所和物资储备库，为临时掩蔽人员提供适度商业、文化娱乐等服务，解决灾时物资问题；强化城市级走廊和区域级走廊的物流功能，满足片区之间和综合体之间的物流服务需求。三是交通场景：以"兼顾人民防空的需要"为目标，以"点—线—面"结合为主要形式，突出人防综合体内部步行与静态交通功能，结合智慧交通进行管理；突出人防廊道的交通功能，并结合大型基础设施解决片区间的交通问题。四是维护场景：依托数据平台，对人防综合体的建筑结构、通风系统、密闭设施、控制设备等硬件设备进行实时监测和定期检查，开展常态化、精细化管理。五是智慧场景：建立智慧人防信息管理系统，积极推进实时数据的统一与完善，推动互联网、大数据、人工智能与人防深度融合。六是疏散场景：明确人防综合体内疏散点、疏散基地、疏散地域、疏散通道等设施，以应对灾时避难的应急疏散；研究人防连通走廊的疏散能力，并进行合理化布局。七是应急场景：充分利用人防综合体空间，打造应急掩蔽工程，加强应急人员掩蔽部、应急综合物资库、应急车辆掩蔽部、综合管理指挥中心功能建设，提高应急救援的水平。八是管制场景：合理化布局人防指挥工程、人防警报设施和人防通信设施，建立人防综合体战时管理体系。建立智慧人防指挥平台，构建统一管理、统一指挥、统一调度的管理模式。九是转运场景：与普通地下空间、周边相邻地块地下空间建立连通通道，利用不同的交通方式，打造综合体内部—防护片区—通道多级场景。十是配套场景：对必要的区域电站、区域供水站、物资库、食品站、医院、生产车间、警报站、军用库房、核生化监测站等设施提出配套要求，保障生命线系统完善。

5. 加强人防综合体在设计与建设阶段 的技术创新

（1）推进大数据、信息化、智慧化技术在防护片区规划中的运用。借助

"大数据技术"实现对城市重点防护片区科学划分，城市重点防护片区需要综合考虑人口规模、人口密度、重要经济目标数量等要素，结合人口大数据和数字化技术，可实现对人口密集区、重要经济目标毗邻区精准划分，进而划定城市重点防护片区。同时，借助人防信息化构建"基于信息系统的人防综合防护体系"，可以构建防护片区内的人口精准疏散体系、通信警报覆盖体系、人防工程防护体系和重要经济目标防护体系，实现防护片区内人防各类数据管理的动态化和智能化，实现规划数据与防护数据的全面融合。

（2）推进 BIM 技术在人防综合体设计建设中的运用。在人防综合体设计阶段利用 BIM 技术对方案进行三维协同化设计、碰撞检查、综合优化；在施工阶段利用 BIM 进行净高分析、管线综合、预留洞口及预埋件检查、施工深化设计和智慧工地管理；在运维阶段将 BIM 竣工模型与运维平台对接。全面运用 BIM 技术建设人防综合体，更好地应对人防综合体功能多、体量大、标准高的特点。

（3）推进可视化、智慧化运维技术在人防综合体中的运用。以人防综合体为一个人防组建单元，建立完整的智能化信息网络体系，对综合体内的指挥系统、医疗系统、专业救护、人防掩蔽等单元，建立人防内部的多套网络系统，为人防的平时管理与战时指挥提供完整、可靠的信息传输链路。

（4）装配式建筑技术在人防综合体设计建设中的运用。发挥装配式建筑强度高、防火防水、隔声隔热、安装简便等优点，推进装配式预制件在人防工程平战转换领域的运用，如临战封堵、钢结构夹层、出入口装配式防倒塌棚架、装配式整体卫生间、装配式水箱等。同时在人防工程中，加强装配式人防外墙板、预制混凝土柱、预制混凝土人防墙、预制混凝土梁、叠合板、预制混凝土楼梯等的运用，在节约工程投资的基础上进一步提高工程质量与安全性。

（5）推进海绵城市技术在人防综合体设计建设中的运用。人防综合体的设计和建设应深入贯彻海绵城市相关规划，通过建设地下蓄水空间就近汇集雨水径流，利用缓冲蓄水的方式缓解暴雨期城市管网的排水压力，从而解决城市内涝等问题。根据海绵城市的要求，杭州市应建设以城市湿地、多功能调蓄设施和河网等为主，地下调蓄为辅的城市大调蓄系统。虽然地下蓄水空间在解决城市雨洪问题上效果显著，但单一功能的地下蓄水空间存在建设成本高、使用效率低等问题，因此建设地下蓄水空间时，可进一步利用人防综合体的相关功能，将海绵城市建设与人防综合体结合起来，建设可蓄水人防综合体。

7.2　研究不足和未来挑战

1. 人防综合体的建设应解决与现有地下空间的冲突

随着经济的快速发展和城市化水平的提升，城市地下空间大规模开发，既有的已成规模的地下空间占用的地下资源越来越多。针对这些地下空间，人防综合体的建设面临技术挑战。人防综合体的规划选址要综合考虑所有因素，避免对既有的地下空间造成破坏。从城市安全的角度考虑，人防综合体的选址应避开水文地质复杂的区域，并慎重考虑与既有地铁隧道的结合。如确需进行功能上的连通，应在确保现有地下空间安全的条件下进行，并做好技术难度、环境条件、互连互通改造等在经济上的影响评估。

2. 人防综合体应充分考虑平战结合

人防综合体的建设一般都会耗费很大成本，并且维护保养任务繁重。为了减少国家和地方的财政负担，保证人防工程建设的总量和规模，需要进一步明确"平战结合"的建设方针，使得人防综合体的各项功能都能最大限度地充分发挥社会和经济效益。人防综合体应致力于促进战时功能与平时相结合，将其融入城市地下空间系统中，并进行了深入的系统研究，以解决由于城市的发展所产生的人口密集、交通拥堵、环境污染等突出问题。

3. 人防综合体的实施主体有待进一步明确

《中华人民共和国人民防空法》第二十二条规定：城市新建民用建筑，按照国家有关规定修建战时可用于防空的地下室。因此，城市新建民用建筑，必须修建人防工程，其实施主体应为建筑的开发商。根据《中华人民共和国国防法》第三十七条的规定，国防资产归国家所有。而人防工程亦属于国防资产，因此，结建式人防工程所有权应归国家所有。人防综合体作为人防功能的融合，其建设往往涉及多个地块的协调，即涉及多个开发商的协调。因此，涉及人防空间的互连互通，其建设的牵头方需要进一步明确。根据《杭州市地下空间开发利用管理办法》第三十二条规定，规划确定连通的地下空间建设项目分期建设的，先建单位应当按照规划和相关规范预留地下连通通道的接口，后建单位应当完成连通通道建设；规划条件对地下空间建设项目未明确连通要求的，建设单位可以与相邻建筑所有权人就连通位置、连接通道标高、实施建设主体、建设资金承担、建设用地使用权归属以及通道建成后的使用方式、维修养护义务等内容达成协议，按照规定程序报批后实施。人防综合体在涉及连通通道实施建设主体的问题上，可参照地下空间的方式，由人民防空行政主管部门在规划条件中制定相关要求，并由先建单位按照规划和相关规范预留人防连通通道的接口，后建单位应当完成连通通道建设。

4. 人防综合体连通通道日常维护管理有待进一步明确

在人防综合体连通通道的管理上，开发商自己出资解决人防连通问题的应在政策上给予开发商优惠，充分调动开发商对人防工程间实现连通的积极性。建议在防护单元面积的划分上给予开发商一定的容积率补偿，鼓励开发商对人防综合体进行连通。人民防空行政主管部门可将人防综合体的所有权和使用权相应地区分开来，秉着"谁开发、谁维护、谁受益"的原则，将人防综合体连通通道的平时商业利用与日常维护交给开发商。开发商与人防部门签订协议，以法律形式保证人防综合体连通通道的商业价值，同时保障人防部门对人防工程的所有权，便于战时及时转换。这样在商业价值较高的地区，开发商为了开发工程的商业价值，会主动对人防工程进行连通，更好地发挥人防综合体的经济效益和社会效益。

5. 人防综合体战时管控体制有待进一步制定

在"人防综合体—人防连通通道—防护片区"的"点—线—面"体系下，人防综合体应建立切实有效的战时管控体制。建议人防综合体建立"指挥中心—调度协调中心"二级管控，指挥中心主要涉及防护片区内及各防护片区之间的战时指挥，调度协调中心则以街道或社区为单位，对人防综合体及与人防综合体连通的人防工程进行战时统一管理。人防调度协调中心可建立远程多功能综合指挥平台，接入应急办、人防办、公安、安监、水利等多部门的监管平台，包括人防智能停车场、雪亮工程、煤矿视频监控系统、智慧水务系统等，通过综合指挥平台，较好实现工作上的统一调度指挥。

6. 人防综合体的建设成本与资金平衡有待进一步测算

人防综合体在结合地下空间建设的过程中，面临技术难度大、投入资金高的问题，必须在设计过程中综合测算投资与收益，明确资金来源，确保人防综合体在有限的资金内发挥最大的经济与社会效益。在人防综合体的建设成本资金投入上，要制定相关规定，明确人防综合体项目如何申报、如何使用人防专项资金，明确人防专项资金在人防综合体中的使用边界。在资金平衡测算上，一是要与人防综合体开发商协议制定人防综合体平时利用的收益分配规则，确保资金相对平衡；二是要在人防综合体的设计过程中做好对人防综合体项目的产出成绩和执行效果量化评估，评估范围包括目标的实现程度、资源配置的合理性以及资金的使用效率等。

7.3   研究展望

本研究明确了推进融合式人防综合体建设的优势。

（1）**在城市规划上，推进融合式人防综合体建设，有利于加速形成高效的城市综合防护体系**。人防综合体与人防廊道、防护片区共同构成"点—线—面"空间体系，其中人防综合体是防护片区内功能要素最齐全的地下综合体，也是防护片区的核心。人防综合体既包含人防工程功能要素的融合，也包括商业、文化与健康、交通、生活等功能的融合，又能通过人防廊道与周边地下空间人防工程互连互通，对其他地下综合体、人防工程起到一定的统领作用。人防综合体的建设能进一步解决大型地下空间、人防工程与城市发展统筹规划、联合开发并同步建设的问题，并在战时最大限度地为民众提供安全的防护功能，为重要经济目标提供更高需求的防护，让人防更好地服务于经济社会发展。

（2）**在工程建设上，推进融合式人防综合体建设，有利于节约人防工程的总建设成本，促进土地集约利用**。人防综合体建设规模大、功能综合、要素多样、配套齐全，可将人防功能集中布置在一个地块或若干个互连互通的地块中。其中，区域电站、区域供水站、专业队、物资库、医疗卫生设施等人防功能可整合到一起，同时将商业、城市交通、市政设施等地下综合体平时功能有机结合。这一建设手法将节约地下空间和人防工程的建设成本，并进一步促进土地集约利用。此外，人防综合体可通过大数据智慧化技术、BIM 技术、可视化智慧化运维技术、装配式建筑技术、海绵城市技术等各种新技术，进一步优化建设成本，提高建设效率。

（3）在人防产业化上，推进融合式人防综合体建设，有利于强化人防工程的平时利用、灾时应急、战时掩蔽。通过商业场景、服务场景、交通场景提升人防综合体平时功能，提高了城市空间开发的经济效益；通过维护场景、智慧场景加强人防综合体的智慧化维护和管理；通过疏散场景、应急场景加强人防综合体应急时提供支援保障，发挥社会效益；通过管制场景、转运场景、配套场景加强人防综合体的战时功能配套和战时协调管理水平，提升战备效益。

（4）在维护管理上，推进融合式人防综合体建设，有利于加强地上、地下空间功能的统筹，更好地进行地上地下联动。人防综合体基于城市综合体与地下综合体而规划建设，并能结合轨道交通站点、商业、未来社区、医院等重要城市功能进行建设，通过合理布局地下各项设施，实现人防工程平战功能的快速转换。同时，人防综合体在战时状态下，利用调度协调中心，通过智慧大屏监测，可在战时进行防护片区的智慧管理，有利于实现人防指挥通信自动化、辅助决策程序化、控制平台一体化、要素管理智能化，使人防资源更好地实现优化配置和力量整合。

（5）本研究还进一步制定了《人防综合体规划设计导则》和《人防综合体规划设计管理实施意见》。《人防综合体规划设计导则》有利于推进人防综合体在规划、设计、工程建设和使用维护中各标准的明确。一是明确人防综合体在规划设计中的要求。明确人防综合体在各规划和设计阶段中的主要任务、主要内容，对人防综合体的选址、规模和范围进行定义，明确规划编制与审批以及规划指标管理机制，并对人防综合体的土地出让方式和用地管理做出详细规定。二是明确人防综合体在工程建设中的要求。保障人防综合体项目的建设符合规划的用地性质，确立地上地下衔接的相关要求，制定人防综合体的建筑容量、规划指标，对 BIM、全过程等新技术在人防综合体上的运用建立标准，并加强工程建设管理，明确各项事宜权责。三是明确人防综合体在使用与维护中的要求。制定人防综合体平时、灾时、战时和十大场景在使用和维护中的各项规定，明确管理责任方，对人防综合体平灾战转换提出相应要求，并制定智慧化运维管理的规定。《人防综合体规划设计管理实施意见》主要明确了人防综合体在规划设计、工程建设、使用与维护管理中的各部门、各单位职责。

附表 1　人防综合体准入条件限定标准表

编号	子项	限定标准
1	布局	每个重点防护片区内宜拥有至少 1 处人防综合体（老城区通过城市更新方式逐步实施），每个城市拥有人防综合体总量宜为该城市防护片区数量的 20% 以上
2	选址	避开城市重要目标，宜位于防护片区的中心；宜结合城市公共活动中心、高强度轨道交通枢纽、大型公共建筑集群、高校和重点科研院所等高层次人才集聚场所
3	总规模	一类人防综合体等级人防面积大于 5 万 m^2，二类人防综合体等级人防面积大于 2 万 m^2，地下层数在 2 层及以上
4	涵盖功能	以城市综合体功能（商业、文化娱乐、交通、市政）为基础，遵循地上功能与地下功能、战时功能与平时功能相同或相近的原则，融合人民防空主要功能。其中一类人防综合体必须涵盖 3 种及以上人防工程功能，二类人防综合体必须涵盖 2 种以上人防功能，并必须涵盖物资库、医疗、专业队功能中的一种。鼓励配建街道级指挥工程，可与一等人员掩蔽工程结合建设
5	连通	人防综合体与相邻人防工程之间、人防综合体与其他地下工程之间应互相连通，或者在适当位置预留地下连通口。其中，连通通道面积可计入人防应建面积，但地铁区间不作为人防综合体连通通道，连通范围不宜跨越城市主干道以上级别道路、二级河道以上级别河道

　　根据相关案例调研，研究认为一类人防综合体的规模应为连通后等级人防面积大于 5 万 m^2，或单体等级人防面积大于 5 万 m^2。二类人防综合体的规模应为连通后等级人防面积大于 2 万 m^2，或单体等级人防面积大于 2 万 m^2。

　　课题对人防综合体提出了 5 个必要条件，包含布局、选址、规模、功能、连通要求 5 个方面，作为人防综合体的准入门槛和最低要求。

附表 2　人防综合体充分条件限定标准表

编号	大项	小项	子项	限定标准
1	商业	平时功能	平时商业	平时地面有大型商业功能以及带地下商业的人防综合体，宜配置地下物资库，为战时人防提供物资。鼓励设置兼顾人防的地下商业设施
2		战时功能	战时物资	地下物资库宜储存生存必需的水、应急食品等物资，供战时使用
3	文化与健康	平时功能	平时文化	平时地面有图书馆、展示馆、博物馆等文化设施的人防综合体，宜配置地下教育、宣传空间，加强人防工程与人防综合体的宣传
4		战时功能	战时健康	人防综合体宜利用部分人员掩蔽工程空间，配置健身锻炼、医疗咨询等健康管理功能，平时可作为健身房、卫生室等使用
5	居住生活	人员掩蔽部	应急人员掩蔽部面积	每个防护单元内掩蔽人数不宜超过 1400 人
6			应急人员掩蔽部功能	每个防护单元内应设置防化值班室、防化器材室、医务室、简易洗消间等设施
7		生活质量保障	采光条件	人防综合体采用至少 1 处下沉广场、采光顶、阳光谷等技术，保证地下空间采光
8			通风条件	人防综合体通风满足隔绝防护时间要求
9			空气调节条件	人防综合体空气调节符合相关规范要求
10	交通	综合体内交通	出入口面积	应急人员掩蔽部战时出入口的门洞净宽之和，应按掩蔽人数每 100 人不小于 0.30m 计算确定
11			停车	人防综合体兼顾人防的车位平时应完善智慧停车，满足 5 分钟停取车要求。战时应满足快速转换为人员掩蔽工程的需求
12			连通口设置条件	两个相邻防护单元之间应至少设置一个连通口，在连通口的防护单元隔墙两侧应各设置一道密闭门

编号	大项	小项	子项	限定标准
13	交通	综合体内交通	疏散宽度	应急人防工程通向相邻非人防区的防护密闭通道宽度可计入疏散宽度；通向相邻非人防区的疏散宽度之和，不得大于非人防区楼梯间或坡道宽度之和，且每个防护单元通向相邻非人防区的疏散宽度之和不得大于该单元总疏散宽度的1/2
14		防护片区内交通	相邻地块连通	人防综合体与相邻的人防工程、兼顾人防工程、相邻的城市地下空间之间，应规划预留连接通道，并相互连通
15			交通干道连通	有条件的城市通过城市地下交通干线建设兼顾人民防空要求形成城市人民防空交通干道，人防综合体工程应与人民防空交通干（支）道连通
16		防护片区之间交通	大型交通基础设施连通	人防综合体与地铁地下车站、地下快速路、大型综合管廊之间，应规划预留连接通道，并相互连通，满足相邻防护片区之间的战时人员疏散转移和战时物资转移要求
17			地下市政道路战时功能	地下市政道路部分可作为防空专业队装备掩蔽工程、人防汽车库或应急车辆掩蔽部工程
18	人防功能要素	调度协调中心	面积标准	人防综合体应预留街道或社区调度协调中心，中心建筑面积应预留不小于 80m² 的空间，战时便于快速转换
19			智慧管理	人防综合体应搭建智能防灾 APP 进行防灾及应急响应
20		人员掩蔽	人员掩蔽人数	人防综合体至少应满足 8000 人的人员掩蔽
21			人员掩蔽面积标准	人均掩蔽总面积应满足人均 2 m² 的要求
22			人员掩蔽分布	二等人员掩蔽工程、应急人员掩蔽部的分布应与战时城市留城人口的分布大体一致，其出入口与保障的人员生活区、工作区的距离不宜大于 800 m
23		医疗救护工程	医疗救护平战结合	医疗救护工程结合地面医院进行建设，平时供地面医院使用
24			医疗救护配建标准	人防综合体内设置医疗救护工程，应至少满足人防救护站标准
25		防空专业队工程	防空专业队面积标准	防空专业队工程规模不宜小于 2000 m²

续表

编号	大项	小项	子项	限定标准
26	人防功能要素	配套工程	电站	鼓励人防综合体电站引入蓄能发电技术，平时通过低峰储能、高峰发电进行利用，战时转换为人防电站
27			水站	人防综合体应满足总防护人员15日的饮用水储备。贮水可利用防护区内的平时贮水池（箱），或采用成品桶装水、瓶装水、饮水机等
28			物资库	人防综合体配备物资库、应急综合物资库应设置在交通便利区域，战时储备物资应与其他人民防空工程相配套，并宜与附近人员掩蔽工程、应急人员掩蔽部连通
29			汽车库	参考现行标准
30			警报站	参考现行标准
31		通信条件	地下定位系统	完善地下行车定位系统及信号
32			人防综合体信息大屏	人防综合体应设置信息大屏，平时用于人防宣传与安全教育，战时用于地面监测、地下监测及宣传广播
33			地下通信网络	保证地下通信信号及人防综合体内部局域网信号

　　研究对人防综合体提出5大项（商业、交通、文化与健康、居住生活、人防要素）、15小项、33子项条防护片区的充分条件，要求33个子项中，不同级别的融合式人防综合体均须达到一定数量以上。各子项的具体限定标准和规定通过配套导则进行控制与落实。

附表 3　新十区 25 个人防综合体规划内容一览表

序号	城区	人防综合体名称	规划内容
1	上城区	吴山广场地区人防综合体	涉及吴山广场、延安南路与西湖大道及其两侧、775 工程、地铁 1 号线定安路站、地铁 7 号线吴山广场站，目前范围内有人员掩蔽、物资库、坑道（指挥）、疏散，规划通过地下连通，增加防空专业队工程、警报设施、兼顾人防工程等
2	上城区	始版桥未来社区人防综合体	通过地下通道连接东西两端的轨道站点，并与邻里广场接通，各地块地下主要为机动车停车及兼顾人防工程、配套设备用房。社区防护分为两大工程，分别为安心工程和安全工程，其中安心工程为指挥工程、医疗救护工程、专业队工程和配套工程，安全工程为二等人员掩蔽工程以及地下空间全部兼顾人防，两类工程互连互通，自成体系
3	上城区	连堡丰城人防综合体	以连堡丰城地下空间（人防）为纽带（连通道），与地铁站点周边人防工程实现互连互通，打造人防综合体。战时功能包括一等和二等人员掩蔽、物资库、电站、防空专业队工程、疏散设施和警报设施
4	拱墅区	武林广场区域人防综合体	包括武林广场地下商场、杭州大厦、国大城市广场、银泰百货、杭州中心、恒隆广场、西湖文化广场等区域，通过地铁武林广场站及地下连通道，实现人防工程互连互通。战时功能包括二等人员掩蔽、物资库、电站、防空专业队工程、疏散设施和警报设施
5	拱墅区	杭钢站区域人防综合体	以地铁杭钢站周边 500 m 为半径，实现地铁站点与周边地块人防工程互连互通，构建人防综合体。战时功能包括一等和二等人员掩蔽、物资库、电站、医疗救护工程
6	拱墅区	运河湾站区域人防综合体	以地铁运河湾站周边 500 m 为半径，实现地铁站点与丽水路地下隧道、周边地块人防工程互连互通，构建人防综合体。战时功能包括一等和二等人员掩蔽、物资库、电站、疏散设施等

序号	城区	人防综合体名称	规划内容
7	西湖区	三江汇绿心公园人防综合体	以三江汇绿心公园地下空间开发利用为契机，通过统筹建设，综合平衡，建设人防综合体。战时功能包括一等和二等人员掩蔽、物资库、电站、防空专业队工程
8		双浦车辆段人防综合体	以双铁上盖为枢纽，通过易地建设，借助落地区，构建人防综合体。战时功能包括一等（街道级指挥工程）和二等人员掩蔽、物资库、电站、防空专业队工程、警报设施
9	滨江区	奥体博览城人防综合体	通过地铁6号线、7号线奥体中心站，促使周边人防工程互连互通，建设人防综合体。战时功能包括二等人员掩蔽、物资库、电站、医疗救护、疏散设施和警报设施
10		智慧新天地人防综合体	结合智慧新天地创智服务中心，建设人防综合体。战时功能包括一等和二等人员掩蔽、物资库、电站、防空专业队、疏散设施。地下开发2~4层
11	萧山区	亚运村人防综合体	以地铁6号线亚运村站为核心，结合地下车行连通、人行连通和综合管廊，实现亚运村区域地下互连互通，建设人防综合体。战时功能包括一等和二等人员掩蔽、物资库、电站、防空专业队、医疗救护、疏散设施、警报设施
12		大会展中心人防综合体	以地铁大会展中心站和会展中心地下空间（人防工程）为核心，与会展北站、港城大道站及周边人防工程实现互连互通，构建大会展中心人防综合体。战时功能包括一等和二等人员掩蔽、物资库、电站、防空专业队、疏散设施、警报设施
13	余杭区	西站枢纽人防综合体	以西站枢纽为核心，与西站北综合体和南综合体实现地下互连互通，构建一体化人防综合体。战时功能包括一等和二等人员掩蔽、物资库、电站、防空专业队工程、警报设施（警报器、警报中继站）、通信设施（超短波中继站）
14		杭腾未来社区人防综合体	以龙舟路地铁站为枢纽，与周边地下空间（人防工程）实现互连互通，构建一体化人防综合体。战时功能包括一等（街道级指挥工程）和二等人员掩蔽、物资库、电站、医疗救护工程、警报设施（警报器）、疏散设施
15		双铁上盖人防综合体	以双铁上盖为枢纽，通过易地建设，借助落地区，构建人防综合体。战时功能包括一等（街道级指挥工程）和二等人员掩蔽、物资库、电站、防空专业队工程、警报设施

序号	城区	人防综合体名称	规划内容
16	临平区	南苑站区域人防综合体	含华元欢乐城、余之城、水公园、余杭第一人民医院等，现状人防功能满足，规模满足，重点是规划连通问题
17		星桥路站人防综合体	含现状二等人员掩蔽、物资库、电站，规划一等人员掩蔽、二等人员掩蔽、专业队工程、电站，通过地铁3号线星桥路站实现互连互通
18		昌达路车辆段人防综合体	以昌达路车辆段为枢纽，通过易地建设，借助落地区，构建人防综合体。战时功能包括一等（街道级指挥工程）和二等人员掩蔽、物资库、电站、防空专业队工程
19	钱塘区	金沙湖地下空间人防综合体	以金沙湖站为枢纽，将周边地块（龙湖金沙天街、龙湖滟澜行街、开发区财政局、金沙湖地下空间）人防工程实现互连互通，构建人防综合体。战时功能包括二等人员掩蔽工程、物资库、电站、防空专业队工程
20		高铁江东站人防综合体	以规划高铁江东站、现状8号线和规划31号线江东站（现冯娄村站）为枢纽，将站点周边配建人防工程实现互连互通，构建人防综合体。战时功能包括一等和二等人员掩蔽、物资库、电站、防空专业队工程、警报设施
21		江东二路站人防综合体	以地铁7号线江东二路站为枢纽，将站点周边配建人防工程实现互连互通，构建人防综合体。战时功能包括一等和二等人员掩蔽、物资库、电站、防空专业队工程、警报设施
22	富阳区	秦望眼人防综合体	以秦望站为枢纽，与秦望广场地下综合体、秦望商业水街、未来社区地下空间（人防工程）实现互连互通，构建人防综合体。战时功能为二等人员掩蔽、电站、物资库、防空专业队工程（调研时建议调整功能，后续是否调整过来未知）及兼顾人防掩蔽、警报设施
23		中沙眼人防综合体	以中沙站为枢纽，与站点周边地下空间（人防工程）实现互连互通，构建人防综合体。战时功能为一等和二等人员掩蔽、电站、物资库、防空专业队工程

序号	城区	人防综合体名称	规划内容
24	临安区	锦城公共中心人民广场站人防综合体	以地铁 16 号线人民广场站为枢纽，与周边配建人防工程实现互连互通，构建人防综合体。战时功能包括二等人员掩蔽、物资库、电站、防空专业队工程、警报设施
25		滨湖新城公共中心青山湖站人防综合体	以地铁 16 号线青山湖站为枢纽，与周边配建人防工程实现互连互通，构建人防综合体。战时功能包括二等人员掩蔽、物资库、电站、防空专业队工程、警报设施

附表 4   人防综合体分类分级表

人防综合体分类	人防综合体分级	人防综合体规模 （万 m²）	战时功能数量
一类人防综合体	大型人防综合体	> 8	≥ 5
	中型人防综合体	5~8	≥ 4
二类人防综合体	小型人防综合体	2~5	≥ 3

致谢

在多方的共同努力下，经过长时间的准备，本书得以顺利出版。首先感谢杭州市人民防空办公室的支持，正是因为有了他们的信任，才可能参与完成人防综合体的研究和实践，转化成本书中的成果和思考。

感谢浙江大学平衡建筑中心（BAC）、浙江大学建筑设计研究院有限公司（UAD）、杭州市规划设计研究院等单位的大力支持。感谢上述单位的领导班子统筹出版工作。感谢浙江大学平衡建筑研究中心为本书出版提供资金资助。感谢杭州市城市地下防护工程技术研究会对本书提供技术支持。

感谢所有课题组成员对本书完成给予的辛勤付出。其中：杭州市规划设计研究院研究中心设计师吴燕，参与撰写第 1.2 节、第 1.3 节、第 2.3 节、第 3.1 节、第 4.1 节、第 5 章、第 6 章。浙江大学建筑设计研究院有限公司人防设计研究所所长王树斌、设计师金杰科、董杰、张文砚，参与撰写第 2 章、第 3.1 节、第 3.2 节、第 3.3 节；联合建筑一院主任建筑师邝洋，参与撰写第 3.4 节、第 3.5 节；BIM 设计研究所所长张顺进，参与撰写第 4.2.1 节；智能城市及智能建筑设计分院副院长杨国忠，参与撰写第 4.2.2 节；建筑九院副院长金振奋，参与撰写第 4.2.3 节。同时，浙江大学建筑设计研究院有限公司规划设计三所设计师朱云辰、单如萍，参与本书的统稿、校对与排版工作，在此一并感谢。

感谢杭州市富阳区人民防空办公室、杭州市富阳区秦望"城市眼"工程建设指挥部、杭州西站枢纽管理委员会、杭州市钱江新城投资集团，对秦望综合体、杭州西站南北综合体、连堡丰城等案例调研工作的支持。

在成书阶段，感谢 UAD 品牌部对本书出版的全程支持。感谢中国建筑工业出版社对本书出版的大力支持。感谢责任编辑李东老师和吴宇江老师负责本书出版工作。

本书所体现在人防综合体上的思考与研究只是在该领域的一个开始。将来在平衡建筑这一学术纽带和杭州市城市地下防护工程技术研究会这一行业平台的支撑下，我们各团队将不断彰显出设计与学术的职业价值。

杨毅、黄杉、蔡庚洋、徐逸程

2022 年 9 月 5 日

图书在版编目（CIP）数据

人防综合体开发利用研究 = DEVELOPMENT UTILIZATION RESEARCH OF COMPLEX BUILDINGS OF CIVIL AIR DEFENCE / 杨毅等著. — 北京：中国建筑工业出版社，2022.10（2024.12 重印）
（走向平衡系列丛书）
ISBN 978-7-112-27893-0

Ⅰ. ①人… Ⅱ. ①杨… Ⅲ. ①人防地下建筑物－建筑设计－研究Ⅳ. ① TU927

中国版本图书馆 CIP 数据核字（2022）第 166586 号

责任编辑：吴宇江　李东
责任校对：芦欣甜
书籍设计：浙大平衡建筑工作室
封面设计：王欢
排版设计：单如萍

浙江大学平衡建筑研究中心资助

走向平衡系列丛书
人防综合体开发利用研究
Development Utilization Research of Complex Buildings of Civil Air Defence
杨 毅　黄 杉　蔡庚洋　徐逸程　著
*
中国建筑工业出版社出版、发行（北京海淀三里河路 9 号）
各地新华书店、建筑书店经销
北京中科印刷有限公司印刷
*
开本 :787 毫米 ×1092 毫米　1/16　印张 :14¾　字数 :209 千字
2023 年 2 月第一版　2024 年 12 月第二次印刷
定价 :**122. 00** 元
ISBN 978-7-112-27893-0
（40034）
版权所有　翻印必究